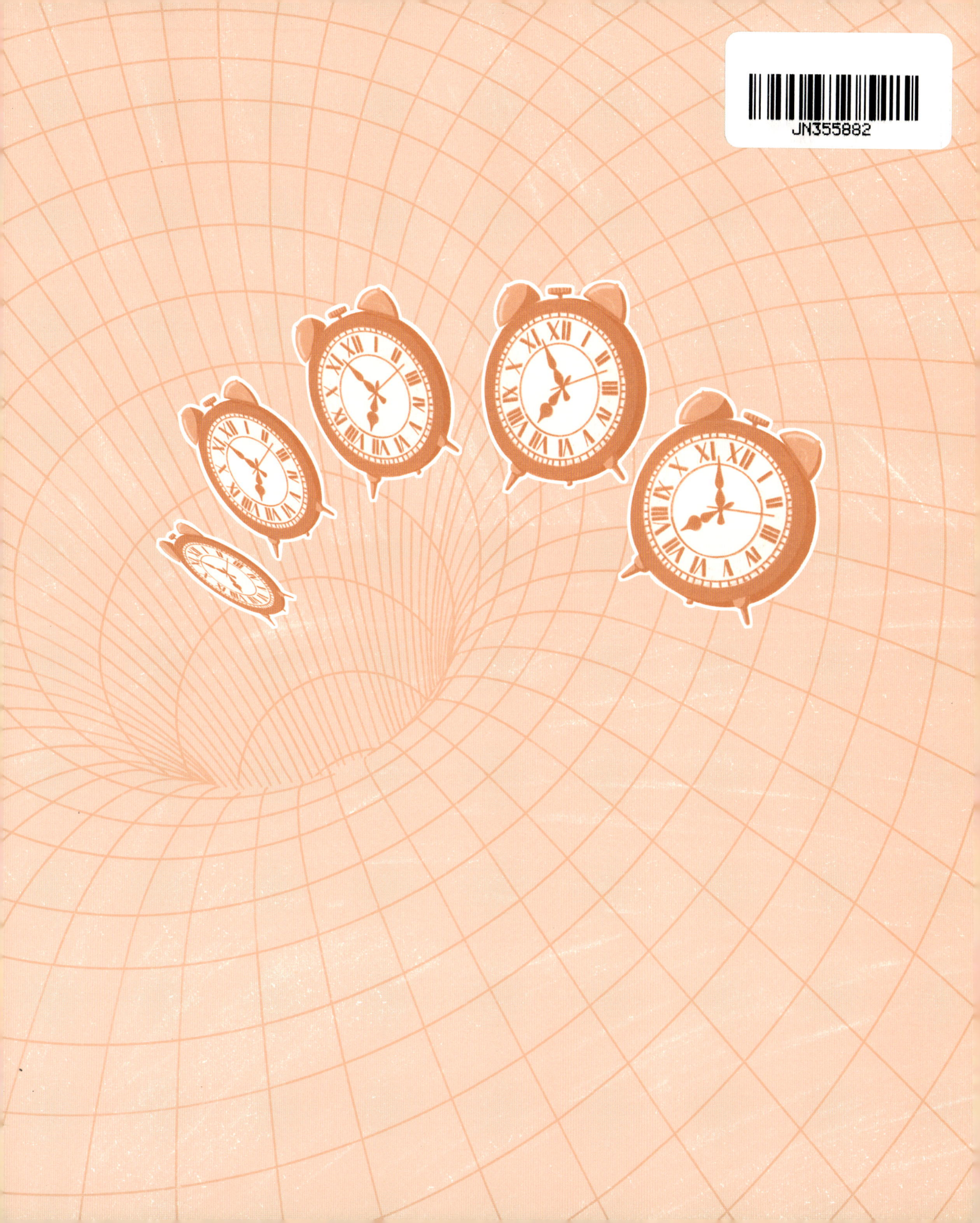

참 놀라운 시간 이야기

클라이브 기포드 글 | 테오 게오르기에프 그림 | 권루시안 옮김
김상목 교수 한국어판 감수

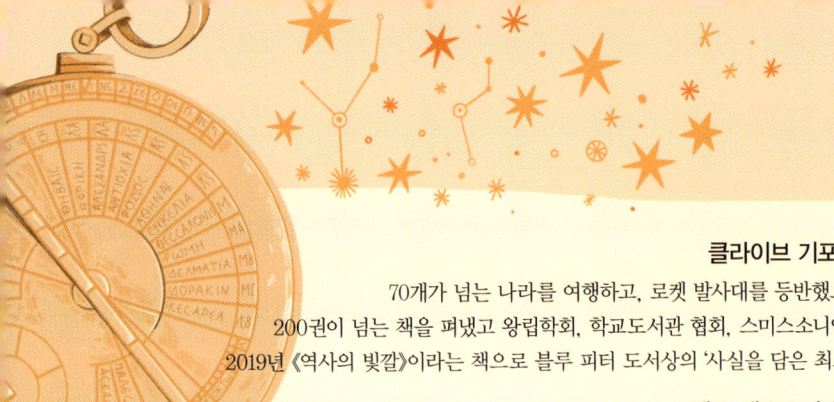

클라이브 기포드 글

70개가 넘는 나라를 여행하고, 로켓 발사대를 등반했으며, 로봇을 타고 글라이더를 조종했습니다.
200권이 넘는 책을 펴냈고 왕립학회, 학교도서관 협회, 스미스소니언, TES 등으로부터 상을 타고 수상 후보에도 올랐습니다.
2019년 《역사의 빛깔》이라는 책으로 블루 피터 도서상의 '사실을 담은 최고의 책' 부문 상을 받았습니다. 영국 맨체스터에 살고 있습니다.

테오 게오르기에프 그림

불가리아 출신으로, 핀란드 헬싱키에서 활동하는 일러스트레이터이자 디자이너이자 예술가입니다.
영국 코벤트리대학교에서 그래픽 디자인으로 학사 학위를, 핀란드 알토대학교에서 시각 서사로 석사 학위를 받았습니다.
어린이 책에서부터 삽화와 광고에 이르기까지 장난기 가득한 캐릭터와 초현실적인 이야기, 별난 환경을 그린 다음,
그것을 자연과 문화, 역사에서 가져온 영감과 엮어 냅니다. 지역 민간 단체를 비롯하여
세계 자연 기금, 해비타트 운동, 컨버스, 인비전, 파인액츠 등과 함께 일했습니다.

권루시안 옮김

다양한 분야의 책을 아름답고 정확한 번역으로 소개하려 노력하고 있습니다. 애나 웰트먼의 《참 재밌는 수학 이야기》,
애나 클레이본의 《참 신기한 변화 이야기》, 《참 쉬운 진화 이야기》, 바두르 오스카르손의 《납작한 토끼》, 《풀밭 뺏기 전쟁》,
《나무》(진선아이), 앨런 라이트맨의 《아인슈타인의 꿈》(다산책방) 등 많은 책을 옮겼습니다. 홈페이지 www.ultrakasa.com

김상목 교수 한국어판 감수

영국 런던대학교(Royal Holloway, Univ. of London)에서 박사 학위를 받았고,
현재 광운대학교 수학과 교수로 재직하고 있습니다. 조합수학에 대한 연구와 저술 활동에 힘써 왔습니다.

참 놀라운 시간 이야기

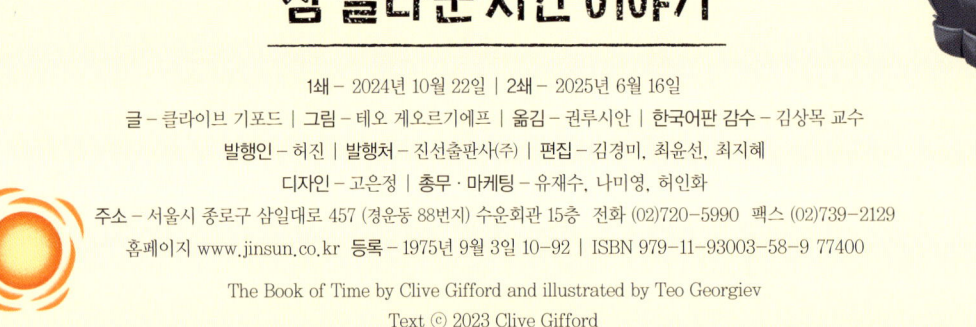

1쇄 – 2024년 10월 22일 | 2쇄 – 2025년 6월 16일
글 – 클라이브 기포드 | 그림 – 테오 게오르기에프 | 옮김 – 권루시안 | 한국어판 감수 – 김상목 교수
발행인 – 허진 | 발행처 – 진선출판사(주) | 편집 – 김경미, 최윤선, 최지혜
디자인 – 고은정 | 총무·마케팅 – 유재수, 나미영, 허인화
주소 – 서울시 종로구 삼일대로 457 (경운동 88번지) 수운회관 15층 전화 (02)720–5990 팩스 (02)739–2129
홈페이지 www.jinsun.co.kr 등록 – 1975년 9월 3일 10–92 | ISBN 979-11-93003-58-9 77400

The Book of Time by Clive Gifford and illustrated by Teo Georgiev
Text ⓒ 2023 Clive Gifford
Illustrations ⓒ 2023 Teo Georgiev
First published in the UK in 2023 by words & pictures, an imprint of The Quarto Group.
All rights reserved. Korean translation copyright ⓒ 2024 Jinsun Publishing Co., LTD.
Korean translation rights are arranged with Quarto Publishing plc. through AMO Agency, Korea.

이 책의 한국어판 저작권은 AMO에이전시를 통한 저작권자와의
독점 계약으로 진선출판사가 소유합니다.
신 저작권법에 의하여 한국 내에서 보호를 받는
저작물이므로 무단전재와 무단복제를 금합니다.

참 놀라운
시간 이야기

클라이브 기포드 글 | 테오 게오르기에프 그림 | 권루시안 옮김

김상목 교수 한국어판 감수

차례

- 6 시간이란 뭘까요?
- 8 일상 속의 시간
- 10 긴 시간
- 12 짧은 시간
- 14 한 해와 사계절
- 16 긴 하루?
- 18 우주 안의 시간
- 20 하늘 높은 곳에서
- 22 하루 중 시간
- 24 기묘한 달력
- 26 문화 속의 시간
- 28 시간에 관한 의문
- 30 정밀한 시계
- 32 시계의 발달
- 34 시계 챔피언
- 36 일어날 시간이에요
- 38 탐험 시대
- 40 하늘에서 알려 주는 시간
- 42 시간대
- 44 서머타임(일광 절약 시간)
- 46 희한한 시간
- 48 지구의 시간별 변화
- 50 지질 시대
- 52 나이는?

54	수명	76	우리 마음속의 시간
56	시간의 모습	78	시간, 장소
58	일생의 시간	80	제4차원
60	생체 시계	82	시간 여행
62	동물은 시간을 알 수 있을까요?	84	수수께끼와 역설
64	지각이야!	86	미래
66	기록에 남은 시간	88	시간의 연표
68	시간 절약	92	용어 설명
70	시간 낭비	94	찾아보기
72	시간이 얼마나 걸릴까요?		
74	평생 한 번		

시간이란 뭘까요?

생각해 보면 시간은 참 신기해요. 매우 익숙한 느낌인데도, 누가 "지금 몇 시야?"가 아니라 "시간이란 뭘까?" 하고 묻는다면 설명하기가 아주 어려우니까요. 시간은 남을 수도, 모자랄 수도 있어요. 시간은 공짜지만, 값으로 따질 수 없다고 느껴질 때도 있어요. 시간이 너무 많으면 지루해질 수도 있고 또 충분하지 않으면 초조해지기도 해요.

시간은 만지거나 맛보거나 냄새를 맡을 수가 없어요. 그저 지나간다고 느낄 뿐이죠. 그리고 1분, 1시간, 1일은 길이가 일정하지만, 너무 빨리 지나가거나 느리게 지나가는 것 같은 느낌이 들 때도 있어요.

예부터 시간은 숭배와 연구의 대상이었어요. 도구로 사용되고, 제품으로 팔리고, 싸움의 원인이 되고, 사람들이 큰돈을 벌 수 있게 해 주었어요. 이 책에서는 역사 속에서 시간이 어떻게 활용되었는지 그리고 옛사람들이 시간을 알기 위해 어떤 기발한 방법을 썼는지 살펴보아요. 시간 측정 방법이 발전하면서 세상이 어떻게 바뀌었는지 알아보고, 시간을 아낀 훌륭한 사람들과 시간을 낭비하면서 늦장을 부린 사람들을 만나 보아요.

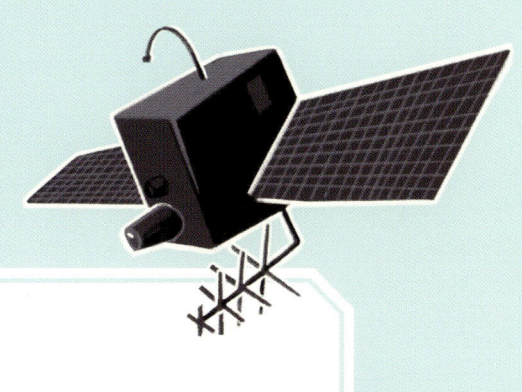

장소에 따라 시간이 어떻게 다른지, 과거를 밝혀내는 데 시간이 어떻게 활용되는지 그리고 시간이 흐르면서 시간을 바라보는 사람들의 관점이 어떻게 바뀌었는지 알게 될 거예요.

한편으로는 아래와 같은 질문에 대한 답을 알아낼 거예요.

- 시간은 언제 시작되었을까?
- 시간에 끝이 있을까?
- 동물도 우리처럼 시간을 느낄까?
- 다른 행성에서도 시간이 똑같을까?
- 어떤 사람은 왜 언제나 약속 시간에 늦을까?
- 시간의 가장 작은 단위는 뭘까?
- 시간 여행은 가능할까?
- 가장 큰 시계는 무엇일까?
- 1년이 445일이었던 때가 정말로 있었을까?

그리고 기록을 깰 기회도 있답니다.
시간이 있다면 말이죠!

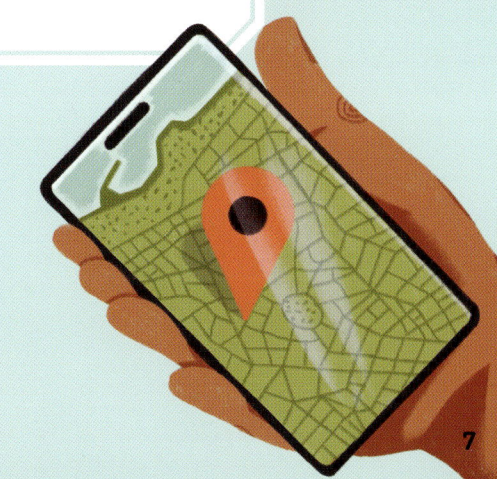

긴 시간

1년, 10년, 백 년, 천 년… 기나긴 시간이지만 과학자는 이보다 훨씬 큰 시간 단위를 써요. 가장 큰 단위는 우주 시간 또는 우주시예요. 우주의 역사 전체에 해당하는 시간을 나타내는 단위예요.

우주력

사람들은 대부분 아주아주 오랫동안 지구와 우주의 나이는 1백 몇십억 년이 아니라 수천 년밖에 되지 않았다고 믿었어요.

1월 말쯤 최초의 은하들이 형성되기 시작했어요.

우주시

우주는 더없이 작은 원자에서부터 더없이 큰 은하수에 이르기까지 우리가 아는 모든 걸 말해요. 우리는 공간과 물질이 한 점에서 거대하게 팽창해 나오면서 우주가 시작되었다고 믿고 있어요. 이 사건을 우리는 '대폭발(빅뱅)'이라 부르는데, 과학자의 계산에 따르면 137억 7천만 년 전에 일어났어요. 그보다 4천만 년쯤 이를 수도 늦을 수도 있는데, 수십억 단위를 셈할 때 몇백만 정도는 충분히 있을 수 있는 오차랍니다!

과학자는 우리 우주에서 대폭발 '이전'은 없었다고 믿고 있어요. 이후만 있는 거죠. 왜 그럴까요? 그것은 물질과 공간이 생겨난 그 순간에 시간이 생겨났기 때문이에요.

137억 7천만 년 전:
대폭발의 시작! 그 1백만분의 1초 뒤에 우주는
1백억°C로 빨갛게 달아올랐어요.

127억 년 전:
별과 은하가 매우 많이 형성되었어요.

137억 년 전:
우주는 빛도 별도 은하도 없이 어두웠어요.

오늘날 우리는 그것은 사실이 아니며, 지구는 우주 안에서도 비교적 최근에 나타났다는 것을 알아요. 이것을 나타내는 방식 중 하나는 우주력인데, 우주시 전체를 지구의 1년 달력 안에 맞춰 넣은 거예요. 대폭발은 1월 1일에 해당되는 거죠.

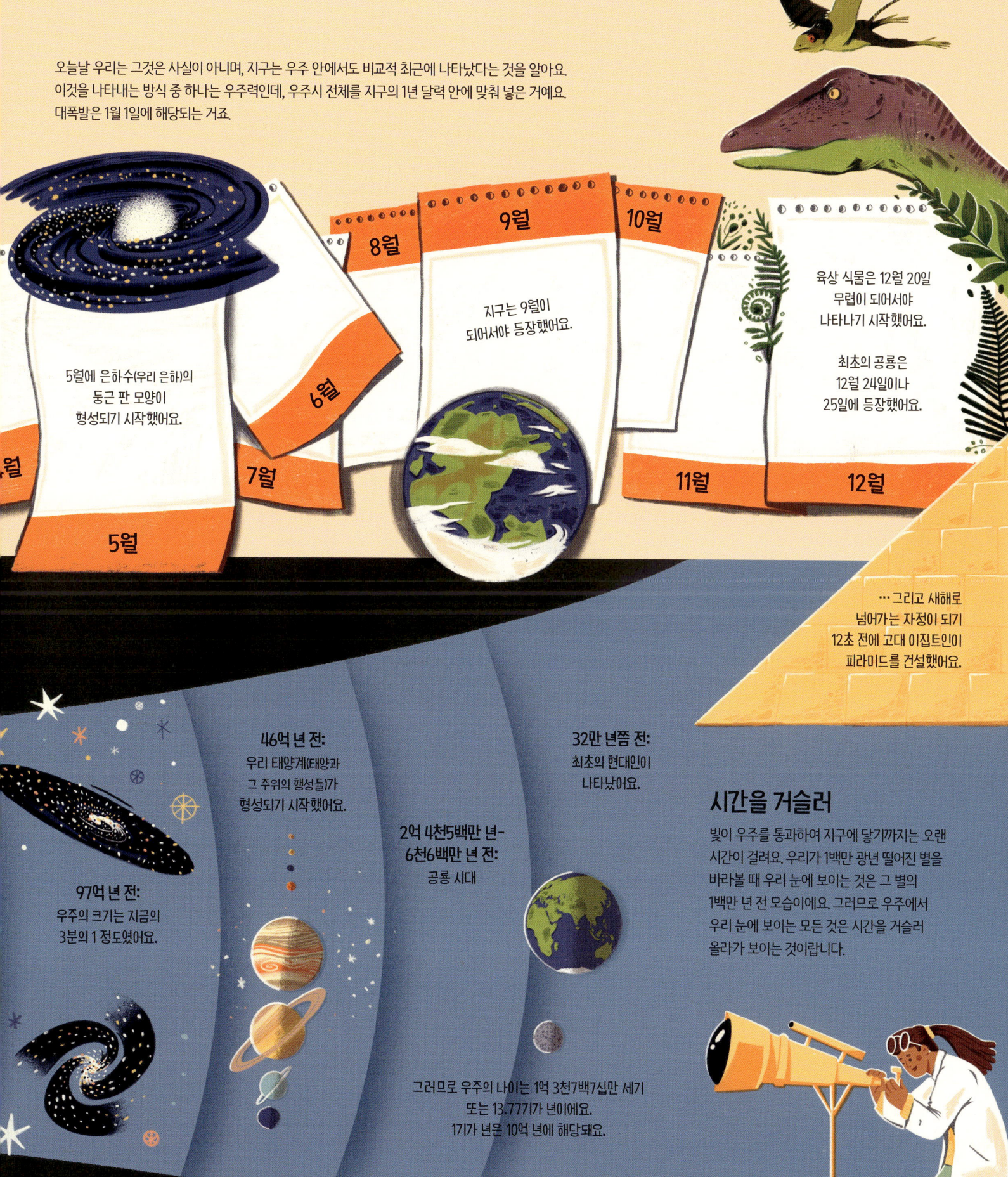

5월에 은하수(우리 은하)의 둥근 판 모양이 형성되기 시작했어요.

지구는 9월이 되어서야 등장했어요.

육상 식물은 12월 20일 무렵이 되어서야 나타나기 시작했어요.

최초의 공룡은 12월 24일이나 25일에 등장했어요.

… 그리고 새해로 넘어가는 자정이 되기 12초 전에 고대 이집트인이 피라미드를 건설했어요.

97억 년 전: 우주의 크기는 지금의 3분의 1 정도였어요.

46억 년 전: 우리 태양계(태양과 그 주위의 행성들)가 형성되기 시작했어요.

2억 4천5백만 년 - 6천6백만 년 전: 공룡 시대

32만 년쯤 전: 최초의 현대인이 나타났어요.

시간을 거슬러

빛이 우주를 통과하여 지구에 닿기까지는 오랜 시간이 걸려요. 우리가 1백만 광년 떨어진 별을 바라볼 때 우리 눈에 보이는 것은 그 별의 1백만 년 전 모습이에요. 그러므로 우주에서 우리 눈에 보이는 모든 것은 시간을 거슬러 올라가 보이는 것이랍니다.

그러므로 우주의 나이는 1억 3천7백7십만 세기 또는 13.777기 년이에요. 1기가 년은 10억 년에 해당돼요.

짧은 시간

빠른 스포츠에서는 10분의 1초, 100분의 1초, 심지어는 1,000분의 1초 차이로 승패가 갈릴 수 있어요. 그렇지만 1초를 잘게 나누는 일은 거기서 그치지 않아요. 더욱 더 잘게 나눌 수 있답니다.

밀리초

스톱워치에서 가장 작은 단위로 시작해 봐요. 1밀리초는 1,000분의 1(0.001)초밖에 되지 않지만, 몇 밀리초라는 시간 안에 많은 일이 일어날 수 있답니다. 예를 들면 우리 몸은 11밀리초 만에 피부 세포 대여섯 개를 갈아 내고, 1밀리초 동안 펄서(우주에서 고속으로 회전하는 별)는 360°를 회전해요. 지구는 이렇게 한 바퀴 자전하는 데 24시간이 걸려요.

40~70밀리초 사이에 자동차는 충돌이 일어났음을 감지하고 에어백을 부풀려 운전자의 머리와 가슴을 보호해요.

투수의 손을 벗어난 야구공은 400밀리초 사이에 타자의 배트까지 날아가요. 휙!

육상 선수가 출발 신호에 반응하여 달리기 시작할 때까지 160~190밀리초가 걸려요.

마이크로초

1마이크로초는 1백만분의 1(0.000001)초예요. 눈을 한번 깜박이는 데 걸리는 시간이 15만 마이크로초이니, 이것이 얼마나 짧은 시간 단위인지를 이해할 수 있겠죠. 몇 마이크로초 안에도 몇 가지 폭발적인 일이 일어나요. 다이너마이트가 폭발하는 데에는 24마이크로초, 고무 풍선이 터지는 데에는 10마이크로초가 걸린답니다.

나노초

1나노초는 10억분의 1(0.000000001)초예요. 눈 한번 깜박이는 동안 수백만 나노초가 지나가는 거죠! 지피에스(GPS) 위성 안에 설치된 원자시계(40쪽 참조)는 오차가 3나노초예요.

빛은 1나노초 동안 29.9센티미터를 이동해요. 자 17개 길이 정도 되는 거죠.

피코초

이것은 1조분의 1(0.000000000001)초, 다시 말해 1백만분의 1의 1백만분의 1초예요. 지구에서 달까지 빛이 이동하는 데 걸리는 시간은 1.25초에 지나지 않지만, 1.25피코초 동안에는 0.4밀리미터도 이동하지 못해요!

이렇게 작디작은 단위로는 그 무엇도 측정할 만하지 않다는 생각이 들겠지만, 아니랍니다. 레이저, 무선 주파수, 컴퓨터가 작동하는 속도 등은 모두 피코초로 측정할 수 있어요. 예를 들어 4.5기가헤르츠 프로세서로 동작하는 고성능 컴퓨터로 2개의 숫자를 더하는 데 걸리는 시간은 222피코초예요.

펨토초

이것은 상상조차 쉽지 않은 작은 단위예요. 1천조분의 1(0.000000000000001)초! 1000펨토초가 모여야 1피코초가 되어요. 이렇게 작디작은 시간 단위로 들어가면 물질 분자 안에 있는 원자가 이리저리 진동하는 것을 실제로 볼 수 있어요. 화학자는 일부 화학 작용을 측정할 때 레이저를 이용하여 펨토초로 측정해요.

더욱 짧은 시간

2020년, 독일 과학자는 그보다 더욱 작은 단위로 뭔가를 측정하는 데 성공했어요. 1젭토초는 1펨토초의 **1백만분의 1**에 해당한답니다. 빛이 수소 분자 하나를 가로지르는 데 247젭토초만큼 시간이 걸려요.

빛이 우리 눈에 닿을 때, 우리 눈 뒤쪽에서 빛을 감지하는 세포가 반응하기까지 200펨토초 정도밖에 걸리지 않아요.

한 해와 사계절

하루하루와 한 해 한 해, 우리가 일상에서 보내는 시간은 대부분 우리 행성이 우주 속에서 움직이는 방식을 바탕으로 하고 있어요. 지구는 한 군데에 가만히 있는 게 아니에요. 궤도를 따라 매초 29.78킬로미터라는 빠른 속도로 태양 주위를 돌고 있답니다. 바로 '공전'이라 하지요. 시속으로 따지면 107,208킬로미터예요. 포뮬러 원 경주용 자동차보다 335배나 빠른 거죠!

2월 29일에 아기가 태어날 확률은 1,461분의 10이에요. 이날 태어난 사람을 윤일생이라고 해요.

윤달과 윤년

지구가 우주 속을 내달리고 있기는 하지만, 그럼에도 태양을 한 바퀴 완전히 도는 데에는 365.242189일이 걸려요. 여기서 저 0.242189일은 약간의 골칫거리예요. 365일 기준인 우리의 1년이 지구가 궤도를 완전히 한 바퀴 도는 데 실제로 걸리는 시간과 약간 어긋나기 때문이에요. 이것을 맞추기 위해 윤년이 생겨났어요. 4년마다 가장 짧은 달에 하루를 더 두는 거예요. 이 윤일은 언제나 2월 29일이에요.

윤년은 사실 그보다는 쪼끔 더 복잡해요. 우리 달력을 지구 궤도에 맞추려면 실제로 400년 동안 윤년이 100번이 아니라 97번 있으면 돼요. 그래서 100으로 나누어떨어지는 해는 윤년이 아니에요. 그런데 그중에서도 400으로 나누어떨어지는 해는 윤년이에요. 복잡하죠! 따라서 2000년은 윤년이었지만 2100년은 윤년이 아니랍니다.

대충돌

전 세계에는 1년을 여러 계절로 나누는 곳이 많아요. 계절마다 날씨와 기온이 다른 거죠. 계절이 있는 이유는 45억 년 전쯤 일어난 한 사건 때문이에요. 지구가 태어난 지 얼마 되지 않았을 때 알 수 없는 천체가 지구와 충돌했어요. 쾅! 과학자는 이 천체를 '테이아'라고 불러요.

지구는 그 때문에 균형을 잃고 상당히 많이 기울어졌어요. 그 결과 우리 행성은 북극이 정확하게 꼭대기에 오지 않고 23.4°만큼 멋지게 기울어진 상태로 우주 속을 움직이고 있답니다. 이 각도는 1년 내내 달라지지 않지만, 지구가 궤도를 돌면서 태양을 바라보는 각도는 달라져요.

테이아가 지구와 충돌하면서 많은 물질이 우주로 떠올랐어요. 과학자 중에는 이런 물질이 서로 뭉쳐 달이 되었다고 보는 사람이 많아요.

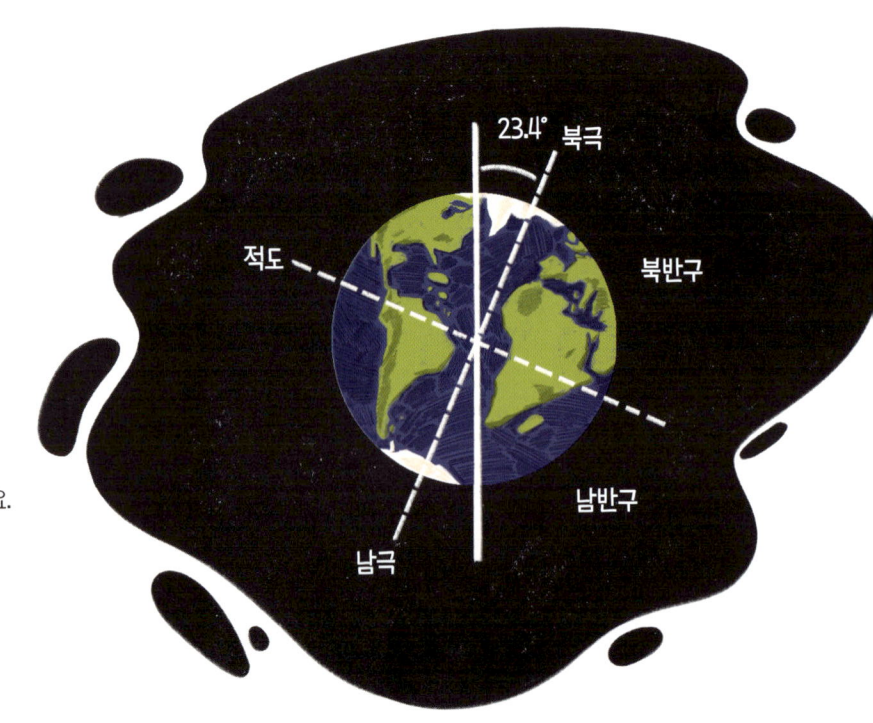

계절의 바뀜

지구는 지구 가운데를 두르는 상상의 선인 적도를 중심으로 2개의 반구로 나눌 수 있어요. 지구가 궤도를 따라 태양을 돌 때, 지구가 기울어져 있기 때문에 두 반구 중 한쪽이 태양 쪽으로 더 많이 기울어지게 되고, 그만큼 태양 에너지를 더 많이 받아요.

예를 들면 6월, 7월, 8월에는 북극이 태양 쪽으로 더 많이 기울고, 따라서 북반구가 태양 에너지를 더 많이 받아서 여름이 되어요. 북반구가 여름일 때 남반구는 겨울이에요. 태양 반대쪽으로 기울어지기 때문에 태양 에너지를 덜 받고, 따라서 더 추워져 겨울이 되는 거예요. 남반구가 여름이 될 때는 그 반대가 되죠.

모든 곳에 사계절이 있는 건 아니에요. 적도나 그 근처에 사는 사람에게는 기후가 거의 달라지지 않아요. 지구가 기울어진 효과가 거기서는 그다지 크게 나타나지 않으니까요. 이런 적도 지대에서는 대부분 1년을 두 계절로 나눈답니다. 비가 오지 않는 긴 건기 그리고 비가 오는 짧은 우기예요.

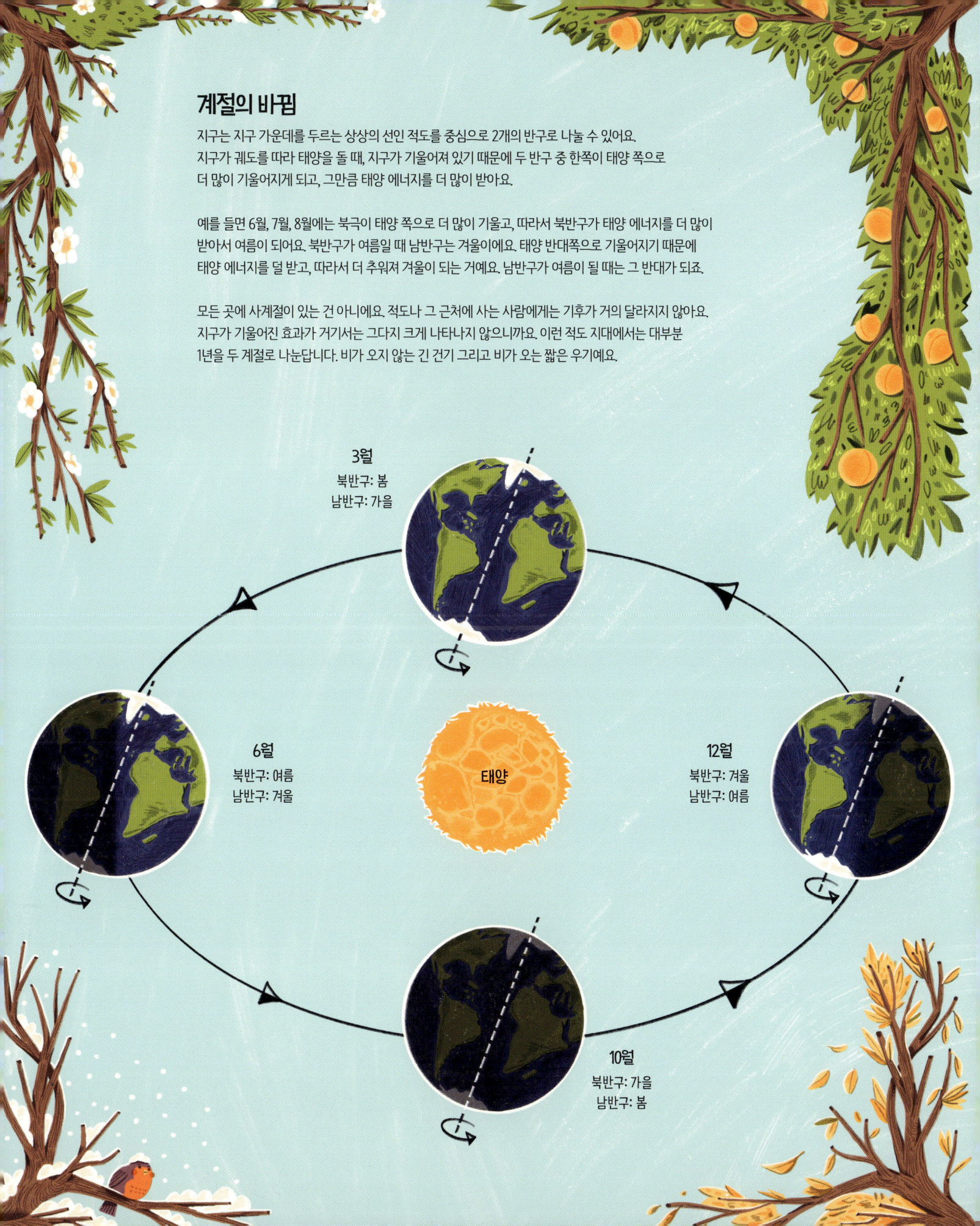

긴 하루?

어떤 날은 다른 날보다 길게 느껴지기도 해요. 놀이공원에서 보내는 하루보다 귀찮은 일을 하며 보내는 하루가 그렇죠. 느낌은 그렇지만 실제로 하루는 거의 길이가 똑같아요. 그런데 지구의 하루가 언제나 24시간이었던 건 아니에요. 1년이 반드시 365일이었던 것도 아니고요.

공룡의 하루

공룡이 살던 시대에 하루는 지금보다 조금 더 짧았고 1년도 365일보다 많았답니다. 6천8백만 년쯤 전 티라노사우루스가 보낸 하루는 23.5시간이었고 1년은 372일이었어요.

더 이전으로 거슬러 올라가면 하루는 그보다 더 짧았어요. 6억 년 전쯤에는 하루가 21시간이었고, 1년은 410일이 넘었어요.

더욱 이전으로 거슬러 가서, 14억 년 전에는 하루가 18.7시간이었고 1년은 470일이었어요. 어떻게 그게 가능했을까요? 지구가 옛날에는 더 빠른 속도로 자전했기 때문이에요.

한 바퀴를 도는 동안

우리가 서 있는 이 지구는 궤도를 따라 태양 주위를 움직이기만 하는 게 아니에요. 팽이처럼 회전하고 있기도 해요. 그것도 빠르게. 적도에서는 시속 1,670킬로미터 정도 속도로 도는데, 속도가 제트 여객기의 거의 2배나 된답니다. 우리는 지구와 같은 속도로 움직이고 있기 때문에 그것을 느끼지 못해요. 지구가 자전하기 때문에 낮과 밤이 생겨나요.

지구는 평균 86,400초(24시간) 만에 완전히 360° 한 바퀴를 돌아요.

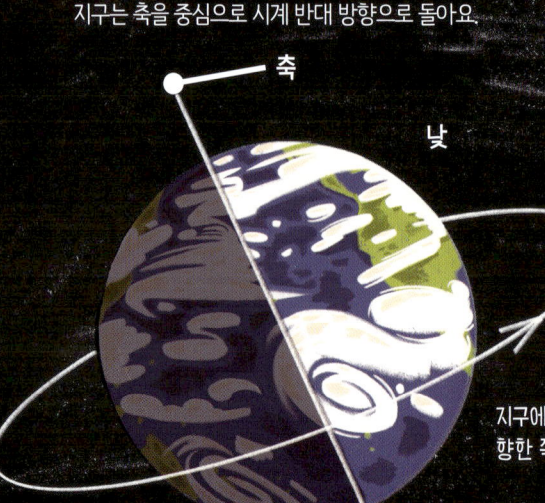

지구는 축을 중심으로 시계 반대 방향으로 돌아요.

축

낮

밤

지구에서 태양을 향한 쪽은 낮이에요.

줄어드는 회전 속도

그런데 지구가 과거에는 왜 더 빨리 자전했을까요? 그것은 우주에서 지구와 가장 가까운 천체인 달 때문이기도 해요. 달은 지구의 인력(두 물체가 서로 끌어당기는 힘) 때문에 지구를 중심으로 궤도를 따라 돌아요. 그렇지만 지구에 비해 훨씬 작기는 해도 달 역시 지구에게 인력의 영향을 미쳐요.

달의 인력이 지구 표면 전체의 물을 끌어당겨 만조와 간조가 생겨나요. 달의 인력에 끌려 바다가 부풀어 오르는 것을 '조석 팽창'이라고 부르는데, 지구가 자전할 때 이렇게 부푼 바닷물을 끌고 돌다 보니 도는 힘이 줄어들어요. 이 때문에 지구는 조금씩이기는 하지만 자전 속도가 떨어진답니다.

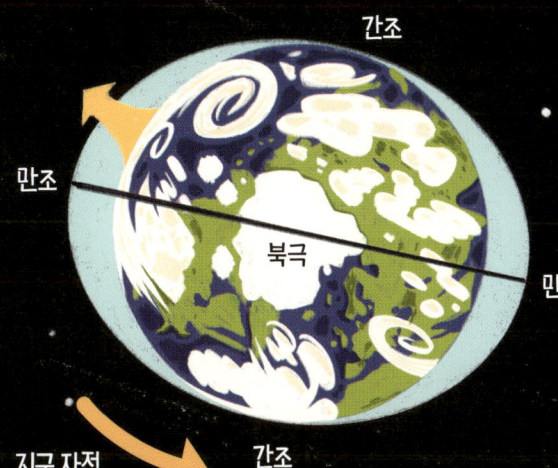

달의 인력 때문에 지구에서 조석 팽창이 일어나 지구 자전 속도가 느려져요.

그 결과 하루가 매우 조금씩 길어져요. 1백 년 동안 1.7밀리초(0.0017초)만큼이에요. 그렇다고 다음 생일이 될 때까지 그만큼 덜 기다릴 수 있다고 좋아할 건 없어요! 하루가 25시간이 되고 1년이 350일이 되기까지는 2억 년이 걸릴 테니까요.

윤초와 시계 맞추기

파리에 있는 국제 지구자전 좌표국(IERS)은 지구가 자전하는 속도를 관찰하는 기관이에요. 이곳에서는 달라지는 지구 자전 속도에 따라 시계를 조정할 때가 언제인지를 결정한답니다.

2016년에 이 기관에서는 그 해 끝에 전 세계의 시계에 1초만큼 윤초를 슬쩍 끼워 넣었어요. 그래서 2016년은 다른 해보다 1초가 더 길었어요.

윤초는 6월 30일 자정이나 12월 31일 자정에 끼워 넣어요. 1972년 이후로 지금까지 더해진 윤초는 모두 27초예요.

우주 안의 시간

지구인으로서 우리는 우주로 나가 탐험할 때 모든 것을 지구일과 지구년, 지구의 시간을 기준으로 삼아요. 그렇다면 우리 이웃 행성의 하루와 1년은 어떨까요? 우주에 나가 있는 우주 비행사에게 시간은 어떤 걸까요?

수성과 금성

지구는 축을 중심으로 자전하는 데 24시간(지구일), 태양을 중심으로 공전하는 데 365일(지구년) 걸려요. 다른 행성이 자전하고 공전하는 데 걸리는 시간은 그보다 길 수도 짧을 수도 있어요. 자전 속도가 느린 수성의 하루는 지구 기준으로 58일이고, 금성의 하루는 금성의 1년보다 길답니다! 믿기 어렵겠지만, 금성이 한 번 자전하는 데에는 243일이 걸리는 데 비해, 태양을 중심으로 궤도를 한 바퀴 공전하는 데에는 224.7일이 걸리거든요.

국제 우주 정거장(ISS)

국제 우주 정거장에 탑승한 우주 비행사는 지구를 90분 정도마다 한 바퀴씩 돌아요. 우주에서 너무나 빠르게 돌고 있기 때문에 하루 동안 해돋이를 16번이나 볼 수 있답니다! 이에 따라 크게 혼란을 겪을 수도 있기 때문에, 우주 비행사는 하루를 정확하게 24시간에 맞춰, 아침 6시에 일어나고 8.5시간 동안 잠을 자요.

우주 비행사는 시간을 어떻게 알까요?

우리와 마찬가지로 시계를 이용해요. 한 가지 차이는 우주선 안에서 우주 비행사는 2개의 시계를 동시에 차고 있는 때가 많다는 거예요. 하나는 임무에 따른 지구 시간대를 가리키고 (예컨대 국제 우주 정거장은 그리니치 표준시에 맞춰져 있어요 — 42쪽 참조) 또 하나는 경과 시간을 가리켜요. 경과 시간이란 지구에서 발사한 순간부터 지금까지 지나간 시간이라는 말이에요. 예를 들어 경과 시간 7:02:01:00은 발사한 뒤로 7일 2시간 1분이 지났다는 뜻이에요.

토성

화성

회전축이 기울어져 계절이 생겨나는(14쪽 참조) 행성이 지구 하나만 있는 건 아니에요. 화성 역시 축이 25°만큼 기울어져 있어서 우리 지구와 비슷하게 여러 계절이 있어요. 화성에서 살아 있는 동물은 관측되지 않지만, 극지방에서 만년빙을 볼 수 있는데 여름에는 줄어들고 겨울에는 늘어난답니다. 화성이 태양을 중심으로 공전하는 데는 지구의 2배 가까이 되는 687일이 걸리기 때문에 각각의 계절 역시 지구의 2배 가까이 길어요.

목성

목성 안에는 지구를 1,300개 채워 넣을 수 있어요. 그렇게나 커다란 기체 덩어리이기 때문에 자전 속도도 빨라서 시속 43,000킬로미터나 되어요. 그래서 목성은 태양계 속의 행성 중 하루가 가장 짧아요. 하루의 길이는 목성의 적도를 기준으로 9시간 50분밖에 되지 않아요.

목성

해왕성

생일을 즐기는 사람이라면 해왕성에서 살지 않는 것을 다행으로 생각해야 할 거예요. 너무나도 추운 데다 거대한 기체 덩어리이기 때문에 단단한 표면이 없다는 것 말고도, 해왕성이 태양을 한 바퀴 도는 데에는 165지구년쯤 걸린답니다. 그러니까 그곳에서는 생일을 즐길 수가 없다는 뜻이에요!

해왕성

천왕성

축의 기울기로 보면 천왕성을 이길 행성은 없어요. 98° 각도로 옆으로 누워 있으니까요. 그 때문에 여름이 되면 천왕성의 한쪽 극과 그쪽 반구의 넓은 지역이 21년 동안 내내 태양을 향하고 있게 돼요. 반면에 겨울이 된 반대쪽 반구에서는 밤이 21년 동안 이어져요. 기온이 영하 224.2°C로 곤두박질치는데, 태양계에서 가장 추워요. 덜덜덜!

천왕성

하늘 높은 곳에서

하늘 높은 곳에서 날마다 빛과 따스함을 가져다주는 저 거대한 불덩어리는 선사 시대 사람들 눈에 띄지 않을 수 없었어요. 그들은 태양이 하늘을 가로질러 지나는 경로를 연구하여, 시기에 따라 태양의 정확한 위치가 어떻게 달라지는지를 알아냈어요.

하지, 동지와 춘분, 추분

매일 정오(12:00)는 태양이 가장 높이 떠오르는 시각이에요. 태양 높이는 연중 계속 바뀐답니다.

하지는 1년 중 태양이 정오에 가장 높이 떠오르는 날이에요. 북반구에서는 거의 언제나 6월 21일이 하지예요. 남반구에서는 거의 언제나 12월 21일이지요. 하지는 1년 중 밤이 가장 짧고 낮이 가장 긴 날이랍니다.

동지는 북반구에서는 대개 12월 21일이고 남반구에서는 6월 21일이에요. 태양이 1년 중 정오에 가장 낮게 떠오르고, 그 결과 1년 중 낮이 가장 짧고 그만큼 햇빛을 덜 받아요.

춘분, 추분은 하지와 동지의 중간으로서 밤낮의 길이가 같은 날이라고 생각할 수 있어요. 춘분은 3월, 추분은 9월이에요.

하지와 동지 유적

옛사람들은 매년 반복되는 태양의 움직임에 맞춰 놀라운 기념물을 지었어요. 아일랜드에 있는 뉴그레인지 고분은 5천 년도 더 전에 세워졌어요. 태양의 움직임에 완전히 맞춘 구조여서, 동지가 되면 태양 빛이 19미터 길이의 좁은 통로를 지나 한가운데에 있는 무덤 석실을 직접 비춘답니다.

스톤헨지

영국에 있는 이 거대한 돌 유적은 4천 년도 더 전에 세워졌는데, 옛사람들의 공학 수준과 태양 관찰 솜씨가 어느 정도로 뛰어났는지를 잘 보여 주고 있어요. 하지가 되면 원의 중심으로부터 77미터 정도 떨어진 곳에 있는 표지석(힐스톤)이라는 30톤짜리 바위 위로 해가 떠올라요. 그러면 햇빛이 원 한가운데에 있는 제단석 위를 비춘답니다.

스톤헨지의 돌은 또 동지 때 해가 지는 시간에도 맞춰져 있어요. 동짓날 마지막 햇빛이 삼석탑 사이를 통과해요. 삼석탑은 2개의 돌기둥 위에 거대한 돌이 가로로 얹혀 있는 구조물 이름이에요.

표지석
제단석
삼석탑

하지와 동지 축제

동지는 축하할 만한 날이었어요. 한겨울의 그날부터 낮이 길어지기 시작하니까요. 고대 유럽에서 켈트족 같은 농경 민족은 모닥불을 지펴 하지와 동지를 맞이했어요. 모닥불의 불꽃이 태양 에너지를 북돋아 주어, 그 다음 농사철에 태양이 강하게 되돌아올 것이라고 생각했어요.

창키요

2천3백 년 전 페루에 지어진 이 유적은 언덕 위에 거의 3백 미터에 걸쳐 일정한 간격으로 세워진 돌탑 13개로 이루어져 있어요. 해가 뜰 때 관측대에서 바라보면 탑은 각기 10일 동안 태양과 일직선이 되어요.

이 유적을 세운 사람들은 한 주를 7일이 아닌 10일로 나누었을 거라고 생각되어요. 양 끝의 돌탑은 동지와 하지에, 한가운데의 돌탑은 춘분, 추분에 태양과 각각 일직선을 이루어요. 영리하죠!

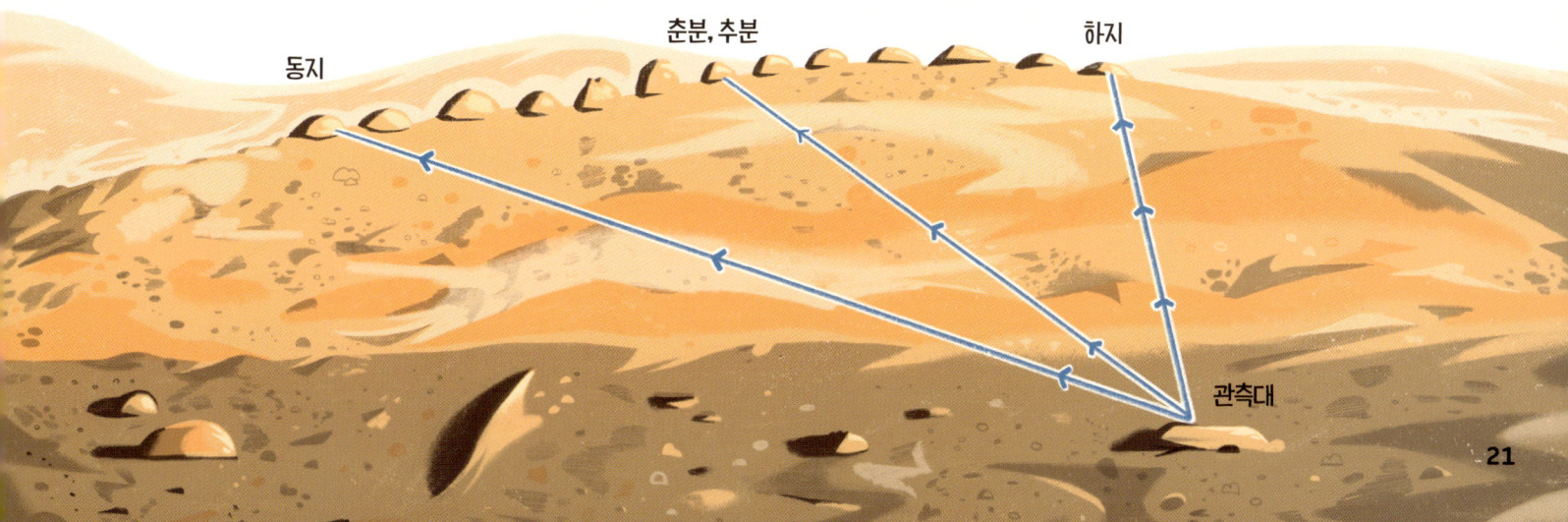

동지 춘분, 추분 하지
관측대

하루 중 시간

옛사람들은 며칠이 지나는지는 셀 수 있었지만, 하루 안에서 시간이 얼마나 흐르는지는 알 수 없었어요. 문명이 발달하면서 시간을 알아내는 방법도 발달했어요.

정오

오전

해돋이

하루 동안 시간이 가면서 오벨리스크 그림자가 원호를 그리며 움직여요.

그림자 시계

사람들은 땅에 막대를 수직으로 꽂았을 때 태양 때문에 생기는 그림자를 살펴볼 수 있었는데, 나중에 이 막대를 '해시계의 바늘'이라 불렀어요. 해돋이 때에는 해가 가장 낮게 뜨기 때문에 그림자가 가장 길고, 그것이 점점 짧아지면서 정오 때 가장 짧아져요. 정오부터 다시 해가 넘어갈 때까지는 그림자가 점점 길어져요.

수메르나 이집트 같은 초기 문명은 대부분 구름이 많지 않은 하늘 아래에서 살았고, 그래서 이런 식으로 시간을 알아낸 최초 문명이었어요. 종종 '오벨리스크'라는 가느다란 돌기둥을 사용했어요. 이집트인은 나중에 오벨리스크나 해시계의 바늘 밑부분에 하루를 더 짧은 시간 단위로 나누어 표시한 눈금을 달았어요. 결국 이것이 해시계가 되었고, 전 세계로 퍼져 나갔답니다.

해가 없어요? 문제없어요!

해시계는 다 좋았지만, 구름이 끼거나 어두워지면 어떻게 될까요? 사람들은 다른 방법을 찾아보기 시작했어요. 유리 용기 안의 좁다란 목을 통과하는 모래의 흐름을 재는 모래시계는 휴대할 수도 있어서 인기가 높았어요. 모래시계가 몇 시간짜리든 거기에 맞춰 모래를 채울 수 있었지만, 가장 인기가 있었던 건 1시간짜리였어요.

태워서 재요!

고대 중국인은 거의 2천 년 전에 양초시계를 발명했어요. 양초가 타면서 조금씩 녹으면 양초에 그리거나 새긴 눈금을 보고 시간이 얼마나 지났는지를 알 수 있었어요. 대체로 양초시계가 다 타는 데는 4~6시간이 걸렸어요. 그래서 그때마다 양초를 갈아 주어야 했어요.

고대 향 시계

고대 중국과 인도, 일본에서는 향을 이용하는 기발한 시계를 발명했어요. 향을 가로로 올려놓고, 금속으로 만든 종을 실에 묶어 일정한 간격으로 향에 걸쳐 아래로 늘어뜨려 놓았어요. 향이 타면 대략 1시간 간격으로 실이 끊어져 종이 아래로 떨어지면서 소리를 냈어요. 어떤 곳에서는 향을 빚을 때 마디마다 다른 '향' 가루를 사용했어요. 눈으로 보거나 귀로 들을 필요 없이 냄새로 시간을 알 수 있었답니다!

물시계

물시계는 물의 흐름을 이용하여 시간을 알아냈어요. 고대 바빌로니아와 그리스에서 물시계를 처음 만들었는데, '물 도둑'이라는 뜻으로 '클렙시드라'라는 이름이 붙기도 했어요. 인도에서는 '가티'라는 구리 그릇에 구멍을 내어 물동이에 놓았는데, 그릇에 물이 가득 차오르는 데에 대략 24분이 걸렸어요.('대략'이라고 말하는 이유는 이런 간단한 시계가 썩 정확하지는 않았기 때문이에요). 당시 인도는 시간을 24분 단위로 재었고, 그것이 60개가 모여 하루를 이루었답니다!

알 자자리의
코끼리 물시계

점점 복잡해지는 시계

중국과 이슬람 세계에서 솜씨 좋은 공학자들은 물의 흐름을 이용하여 매우 정교한 기계를 작동시켰어요. 1200년쯤 무슬림 공학자 알 자자리는 코끼리와 성탑 모양을 한 거대한 물시계를 만들었어요. 물이 흐르면서 밧줄과 톱니바퀴, 지렛대를 움직여 시계의 각 부분이 작동했어요. 이 시계에는 금속 공을 삼키는 용과 움직이면서 북과 나팔을 연주하는 기계 인형도 있어서 굉장한 볼거리였어요. 물론 소리도요!

고대 바빌로니아의
물시계

기묘한 달력

옛사람들은 해와 달이 일정한 방식으로 움직이고 계절이 일정한 주기로 반복된다는 것을 알아내면서 시간을 추적하는 방법의 하나로 달력을 개발했어요. 문명이 무수히 많다는 것은 달력도 무수히 많다는 뜻이랍니다!

고대 비잔틴 제국의 달력은 9월 1일이 새해 첫날이었던 한편, 나이지리아의 이보족은 1년이 91주이고 1주는 4일밖에 되지 않는 달력을 썼어요.

비잔틴 제국의 해시계 달력

어느 초기 이집트 달력은 나일강 물이 불어나고 줄어드는 주기를 바탕으로 삼았어요. 어떤 해에는 무려 80일이나 날짜가 어긋났답니다!

마야의 달

2천 년도 더 전에 중앙아메리카의 마야에서는 달력을 한 가지도 아니고 세 가지나 개발했어요. 가장 짧은 것은 '촐킨'으로 260일짜리였어요. '하압' 달력은 365일짜리로 7월에 시작되었는데, 한 달은 20일이고 1년은 18개월이었어요. 그리고 남은 5일은 따로 짤막한 달을 만들어 '와옙'이라는 이름을 붙이고 19번째 달로 삼았어요. 와옙은 매우 운이 나쁜 달로 여겨졌어요. 그때는 집 밖으로 나가지 않는 게 최고죠!

마야의 세 번째 달력은 훨씬 더 긴 시간을 다루었어요. 고고학자는 이 달력이 2,880,000일짜리이며, 마야인은 그 마지막에 이르면 우주가 파괴되고 새로 창조된다고 믿었다고 생각해요.

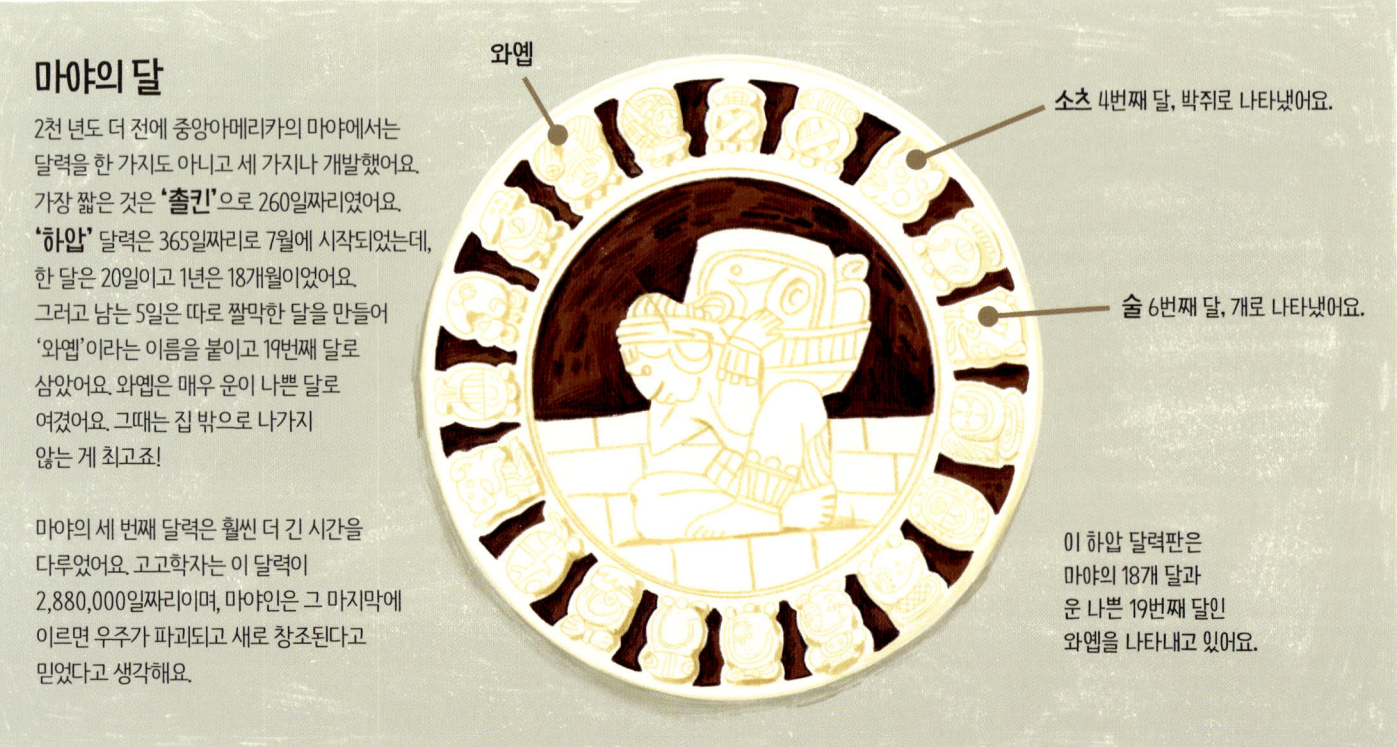

와옙

소츠 4번째 달, 박쥐로 나타냈어요.

술 6번째 달, 개로 나타냈어요.

이 하압 달력판은 마야의 18개 달과 운 나쁜 19번째 달인 와옙을 나타내고 있어요.

새해, 새 불

아스테카도 그 이전의 마야와 비슷하게 260일짜리와 365일짜리 달력을 사용했어요. 이 두 달력은 52년마다 한 번씩 완전히 일치하는데, 이때 아스텍 사람들은 '새 불 예식'이라는 뜻인 '톡시후몰필리아'를 거행했어요. 아스테카 제국 전역에서 불을 끄고, 운 나쁜 사람을 한 명 죽여 불의 신 히우테쿠틀리에게 바쳤어요. 그런 다음 그 사람의 가슴에 불을 붙이고, 거기서 불을 옮겨 제국 전체에 다시 불을 붙였답니다!

가장 긴 해

고대 로마에서는 3월이 새해 첫 달이었어요. 기원전 46년에 이르렀을 때는 달이 계절과 몇 달씩 어긋나 완전히 엉망이 되어 있었어요. 율리우스 카이사르는 365.25일을 1년으로 하는 '율리우스력'을 시행했어요. 이 달력은 새해가 1월에 시작하고, 4년마다 윤년이 있었어요. 기발하죠! 그런데 그 이듬해와 맞추기 위해 카이사르는 그 해 끝에 3달을 추가로 덧붙여야 했어요. 그래서 기원전 46년은 445일이 되어 로마 역사상 가장 긴 해가 되었답니다. 이 때문에 음식, 종교 축제, 세금 등에 혼란이 일어났어요. 그렇지만 이후 율리우스력은 1,600년 동안 유럽 전역에서 사용되었어요.

유럽에서 쓰는 달 이름은 모두 로마에서 유래했어요. 로마인은 달 이름을 신이나 지배자 이름 또는 1년 중 몇 번째 달인지에 따라 지었어요. 율리우스(줄라이, 7월)는 카이사르의 이름을 딴 달이에요.

재뉴어리(1월)는 앞과 뒤를 바라보는 두 얼굴이 있는 로마의 신 야누스의 이름을 땄어요.

대대적인 변화

카이사르 율리우스의 달력은 완벽하지 않았어요. 1582년에 이르렀을 때 율리우스력은 계절과 10일 차이가 났고, 그래서 교황 그레고리우스 13세가 '그레고리력'으로 바꾼다는 칙령을 발표했어요. 가톨릭 국가에서는 대부분 새로운 달력을 곧장 받아들였지만, 그 밖의 나라들은 약간의 확신이 필요했어요. 영국은 1752년에 와서야 받아들였는데, 이 무렵 옛날 달력은 새 달력과 11일 차이가 났어요. 이것을 바로잡기 위해 영국인은 9월 2일 다음날을 9월 14일로 삼았어요. 수많은 사람이 화를 냈는데, 자신의 수명이 짧아졌다고 믿었답니다!

20세기에 들어가서도 여전히 달력의 혼란은 일어났어요. 1908년 러시아의 올림픽 사격 선수단은 옛 율리우스력을 쓰고 있었기 때문에 런던 올림픽에 12일이나 늦게 나타나 경기를 놓치고 말았답니다! 러시아는 1918년에 이르러서야 그레고리력을 사용하기 시작했어요. 중국은 1912년, 그리스는 1923년에 그레고리력을 받아들였어요.

문화 속의 시간

미신에서부터 시간의 흐름을 기념하는 것에 이르기까지 시간은 문화의 많은 부분에 영향을 미쳤어요. 수많은 종교와 신앙을 살펴보면 시간을 담당하는 신이나 신령이 적어도 하나는 있답니다.

네 생일이다!

사람들은 대부분 자신이 태어난 날을 기리지만, 어디서나 그런 건 아니에요. 베트남에서는 모두가 생일이 똑같다고 생각하기 때문에 개인의 생일을 기념하는 일이 드물어요. 테트 자정이 지나면 모두가 한 살씩 더 먹어요. 테트는 섣달그믐을 가리키는 베트남어예요.

시간의 신

힌두교에서는 시바가 시간을 창조하고 파괴하는 신이고, 발리 신화에서는 바타라 칼라가 시간과 파괴의 신이에요. 언제나 배가 고픈 바타라 칼라는 운 나쁜 사람뿐 아니라 해와 달까지 집어삼키려고 해요. 재미있죠! 고대 이탈리아의 에트루리아인은 새해가 올 때마다 성전에 긴 못을 박아 넣는 방법으로 시간의 여신 노르티아를 기렸어요. 이 못은 지난해에 일어난 일들이 이제 과거에 속하며 고정되어 움직일 수 없다는 것을 나타냈답니다.

힘든 날

어떤 문화에서는 특정한 날짜는 불운하다고 생각해요. 미국이나 영국 같은 곳에서 13일의 금요일을 불길하다고 여기는 것처럼 말이죠. 이런 미신이 어떻게 생겨났는지는 분명하지 않지만, 13이라는 숫자는 오래 전부터 불운을 가져온다고 여겼어요. 북유럽 신화에서 로키는 초대도 받지 않고 신들의 만찬에 나타나 만찬을 망쳤는데, 그는 13번째 손님이었고 그 때문에 세계가 어둠 속으로 추락했다고 해요.

8월 8일
힌두교에서는 숫자 8이 근심이나 우울과 연관되어 있어서 8번째 달의 8번째 날은 그것이 2배가 될 수 있는 날이에요!

17일의 금요일
이탈리아에서 17은 운이 나쁜 숫자예요. 17을 로마 숫자로 적으면 'XVII'이 되고 이를 다르게 배열하면 'VIXI'이 되는데, 라틴어로 '내 인생은 끝났다'는 뜻이 되거든요.

9월 9일
일본에서 9는 운이 나쁜 숫자예요. 고통이라는 뜻의 일본어와 발음이 비슷하기 때문이에요.

바타라 칼라

노르티아

시바

고대 점성술

최초의 점성술사는 3천5백 년 전쯤의 바빌로니아 사람이었어요. 이들은 지상에서 살아가는 사람의 운명은 태어난 때뿐 아니라 별과 행성의 위치에도 영향을 받는다고 믿었어요.

중국의 점성학은 '생초'라고 하는데, 사람의 운명은 태어난 해에 따라 정해진다고 생각해요. 생초는 12년 주기로 이루어지고, 해마다 해당하는 띠가 있어서 사람의 성격이 그 띠의 동물을 닮는다고 해요. 생초에서 띠의 순서는 신화의 옥황상제가 연 경주 대회에서 결승점에 다다른 순서대로 정해졌답니다.

시간에 관한 의문

역사를 통틀어 사람들은 시간이 무엇인지에 대해 제각기 다른 의견을 가지고 있었어요. 어떤 사람은 시간이 원처럼 빙글빙글 돈다고 하고 또 어떤 사람은 직선으로 움직인다고 생각해요. 어떤 사람은 시간이 중력처럼 우주의 속성 중 하나이지 않을까 생각하고 또 어떤 사람은 우리의 상상일 뿐이라고 생각해요.

환상? 절대?

무슬림 철학자 이븐 시나는 시간이 우리의 기억과 앞으로 일어날 일에 대한 우리의 기대에서 창조된다고 생각했어요.

성 아우구스티누스나 프랑스 철학자 앙리 베르그송 같은 사상가는 시간은 환상이라고 보았어요. 사람들이 머릿속에서 경험이나 사건을 정리하는 데 사용하는 도구라는 거죠. 일기나 달력, 서류함처럼 말이에요.

이븐 시나

앙리 베르그송

직선? 원?

2천5백 년 전쯤의 고대 그리스는 시간에 대해 본격적으로 생각한 최초의 문명이었어요. 시간을 바다로 흘러 들어가는 강처럼 생각한 그리스인이 많았어요. 과거로부터 미래로 직선으로 움직인다는 거죠.

디네족(나바호족), 호피족, 마야, 잉카 등의 문명에서는 시간이 원을 그리며 움직인다는 생각을 품었어요. 시간이 되풀이된다는 거죠. 사람이 무엇을 하든 계절은 다시 돌아오고, 해는 다시 하늘에 떠오르고, 곡식은 다시 자라니까요.

티베트 불교에서 '바바카크라'는 '운명의 수레바퀴'라는 뜻인데, 태어남과 죽음이 끝없이 되풀이되는 모양을 나타내요.

불교에서 말하는 바바카크라의 한 부분. 둥근 수레바퀴 모양으로 생명을 나타내고 있어요.

앞으로? 뒤로?

많은 사람은 시간이 과거로부터 현재를 지나 미래를 향해 순서대로 나아간다고 생각해요. 우리는 미래에 일어날 어떤 일을 '내다본다'고 말하고 과거의 어떤 일은 '되돌아본다'고 말해요.

안데스산맥의 산간 지방에서 살아가는 아이마라족은 시간을 그 반대로 생각한답니다. 미래는 우리 눈에 보이지 않는 알 수 없는 것이므로 우리 뒤쪽에 있고, 그래서 이미 알고 있는 과거에 비해 그다지 말할 가치가 없다고 생각해요. 과거는 너무나 분명하게 기억되기 때문에 우리 앞에 있다고 보는 거예요.

아이마라어는 2백만 명이 넘는 사람이 쓰고 있는데, 이 언어로 '키파'는 '뒤'라는 뜻이고 '키파 마라'는 '내년'이라는 뜻이에요.

유명한 과학자 아이작 뉴턴은 다르게 생각했어요. 그는 시간은 절대적이라고 믿었고, 우주가 텅 비어 있다 해도 시간은 존재한다고 확신했어요. 뉴턴이 볼 때 시간은 별개로 존재하고, 우리가 우주 안 어디에 있든 똑같은 방식으로 작용한다고 보았어요.

'지금'은 뭘까요?

우리는 '지금'을 현재라고 생각하지만, 그건 도대체 무슨 뜻일까요?

프랑스 철학자 르네 데카르트는 존재하는 것은 '지금'뿐이며, 시간은 '지금'이라는 순간이 무수히 많이 한 줄로 꿰여 이루어진 것이라고 믿었어요.

르네 데카르트

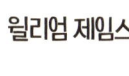

윌리엄 제임스

아이작 뉴턴 같은 사람은 지금(현재)을 어떤 기간이라고 생각하지 않았어요. 일어난 일(과거)과 일어날 일(미래) 사이에 있는 경계일 뿐이라는 거예요.

미국 철학자 윌리엄 제임스의 관점은 또 달랐어요. 그는 지금을 여러 가지 일이 현재 일어나고 있는 것처럼 보이는 짤막한 기간이라고 주장했어요. 그리고 그 기간은 12초라고 생각했답니다.

정밀한 시계

8백 년 전에는 대체로 시계가 필요하지 않았어요. 사람들은 새벽에 일어나 낮 동안 농사를 짓고 어두워지면 잠자리에 들었어요. 그로부터 5백 년 뒤 유럽에서는 어디에서나 시계를 볼 수 있었어요! 어떻게 된 걸까요?

1410년에 만든 프라하의 오를로이 천문시계는 시간과 하늘에서의 태양의 위치를 보여 준답니다.

바늘 없는 시계

'시계'라는 뜻의 영어 '클락'은 '종'이라는 뜻의 라틴어 '클로카'에서 왔어요. 최초의 기계식 시계는 7백 년도 더 전 유럽에서 발명되었지만, 문자판도 바늘도 없었어요. 그냥 정해진 시간에 교회 종탑의 종이 울리면 사람들이 모여 예배했어요.

이 초기 시계는 높다랗게 달아 올린 묵직한 추가 도르래를 움직이는 식으로 작동했어요. 천천히 아래로 떨어지면서 줄이 풀리면 그 힘으로 시계 부품이 움직였어요. 정해진 시간이 되면 시계 장치가 금속제 망치를 움직여 종을 쳤어요. 시계추가 떨어지려면 충분한 높이가 필요했기 때문에 이 초기 시계는 높다란 탑 위에 설치되었어요.

화려한 볼거리

15세기에 이르러 시계에 문자판이 생기고 시침이 달렸어요. 분침이 있는 것도 있었지만 그다지 쓸모는 없었죠. 초기 시계는 대부분 하루가 지나는 동안 1시간 이상 빨라지거나 느려졌으니까요. 이 무렵 도시나 교회에서는 시청이나 시계탑에 설치된 시계를 쉽게 볼 수 있게 되었어요. 어떤 시계는 말을 타고 창 시합을 벌이는 기사, 저글링을 하는 광대, 움직이는 별과 행성 등 기계 장치로 움직이는 장식을 더해 더없이 아름다웠답니다.

용수철로 작동

시계추가 떨어지는 방식 대신 용수철로 작동하는 시계가 15세기에 발명되었어요. '태엽'이라는 금속 용수철을 열쇠로 돌려 끝까지 감았다가 매우 느리게 풀리게 하면 그 힘으로 시계 부품을 움직일 수 있었어요. 태엽을 발명하면서 시계를 훨씬 더 작게 만들 수 있게 되었어요. 이제 사람들은 집에서도 시계를 쓸 수 있었고, 심지어는 몸에 착용할 수도 있었어요!

최초의 회중시계(휴대용 시계)는 5백 년 전쯤 독일에서 등장했어요. 목에 걸거나 조끼 주머니에 넣을 수 있었어요. 제1차 세계대전이 끝난 뒤가 되어서야 대부분의 남자가 시계를 손목에 차기 시작했어요.

16세기의 회중시계

달라지는 습관

시계는 결국 사람이 살아가는 방식을 바꿔 놓았답니다. 그전에는 10시 45분도 2시 30분도 없었죠. 시계 덕분에 시간을 정확하고 확실하게 잴 수 있었어요. 갑자기 단체 활동을 정확한 시간에 열 수 있게 된 거예요.

작은 시계가 값이 싸져 수많은 가정과 기업체가 시계를 살 수 있게 되자 사람들은 시간의 영향을 받게 되었어요. 항상 말이죠! 가게, 시장, 은행 등 온갖 곳이 해가 뜨고 지는 때가 아니라 정해진 시간에 문을 열고 닫기 시작했어요. 사람들은 시간을 더 많이 의식하게 됐고, 이제 지켜야 하는 새로운 기준이 하나 생겨났어요. 바로 시간을 지키는 일이었어요.

사람들은 원래 배가 고프면 먹고 졸리면 잠을 잤는데, 이제는 생체 시계(60쪽 참조)에 의지하는 것이 아니라 시계가 일정한 시간을 가리키면 식사를 하고 잠을 잤어요.

18세기와 19세기에 공장과 산업이 발달했을 때 시계는 작업을 체계화하는 데 결정적으로 중요했어요. 노동자는 시간으로 평가를 받았고, 지각하거나 작업 시간 동안 일을 충분히 하지 않으면 벌을 받게 되었어요. 어떤 파렴치한 관리자는 시계가 느리게 가도록 조작하여 노동자가 공짜로 더 오래 일하게 했답니다!

시계의 발달

사람들의 삶이 시간과 밀접해지면서 시계의 정확도가, 다시 말해 시계가 정확하지 않다는 것이 점점 더 문제가 되었어요. 시계가 발전하면서 시간을 더 정확하게 잴 수 있게 되었어요.

진자 운동

1602년쯤 이탈리아 과학자 갈릴레오 갈릴레이가 진자(줄 끝에 추를 매달아 왔다 갔다 하게 만든 것)의 추가 한번 갔다가 돌아오는 데 걸리는 시간이 언제나 똑같다는 것을 발견했어요. 네덜란드 과학자 크리스티안 하위헌스가 이 편리한 사실을 파악하고, 1656년 자신이 만든 새로운 방식의 시계에서 진자를 이용하여 시간을 쟀어요. 하루가 지나는 동안 진자시계는 15초밖에 틀리지 않았어요. 그 이전 시계들에 비해 거대한 한 걸음을 내디딘 거예요.

진자시계

진자시계가 움직이는 방식은 아래와 같아요.

1. 추가 천천히 떨어진다. 떨어지면서 주 톱니바퀴를 돌린다.

2. 주 톱니바퀴가 시계 바늘을 움직인다. 일련의 톱니바퀴가 작용하면서 시침, 분침, 초침이 각기 다른 속도로 돌아간다.

3. 시계 바늘이 정확하게 돌게 하기 위해 추가 떨어지는 속도가 진자에 의해 조절된다. 진자가 좌우로 흔들릴 때 멈춤쇠도 좌우로 흔들린다. 멈춤쇠는 한번 흔들릴 때마다 탈진 톱니바퀴로부터 잠시 떨어지면서 톱니바퀴가 매우 조금 돌아간다. 이 때문에 시계에서 똑딱 소리가 난다.

4. 시계를 감으면 주 톱니바퀴가 시계 반대 방향으로 돌아가면서 추가 다시 위로 올라간다. 일반적으로 하루나 이틀에 한 번씩 시계를 감아 준다.

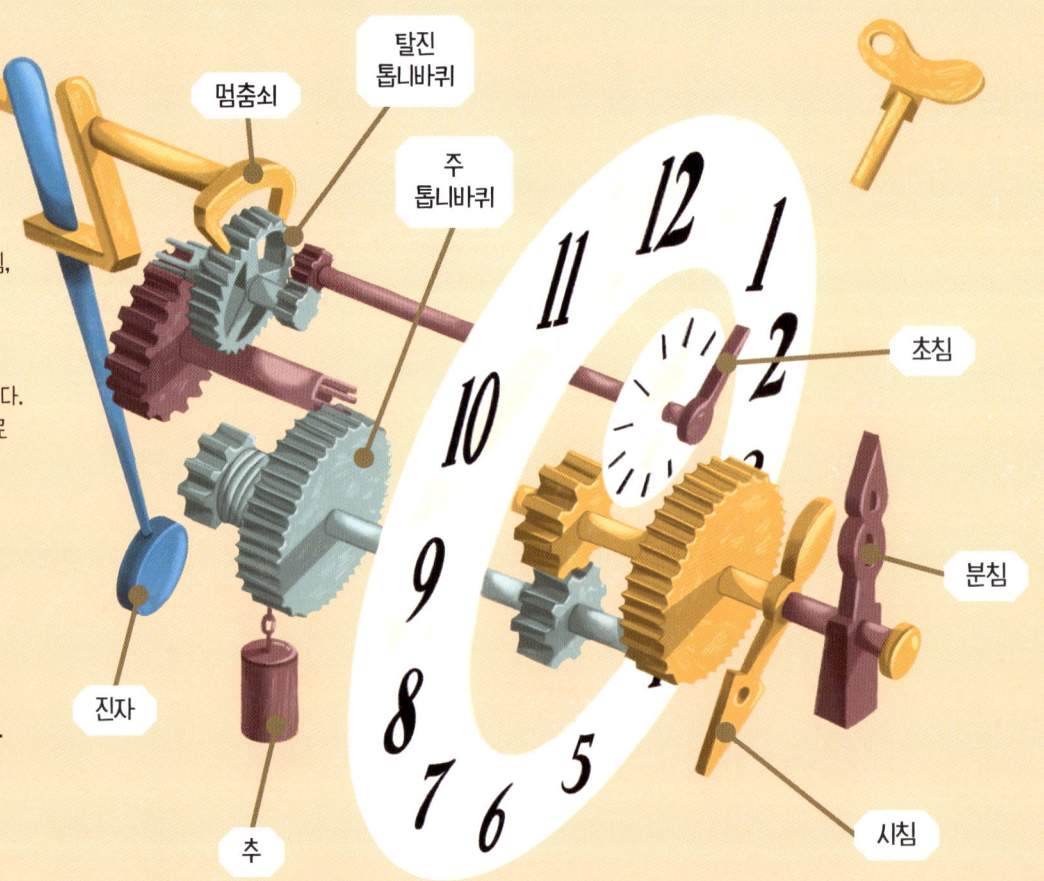

수정 시계

진자시계는 오랫동안 시계의 왕이었으나, 20세기에 새로운 방식의 시계가 발명되었어요. 바로 수정 시계예요. 과학자는 작은 수정 조각에 전기를 통하면 수정이 1초에 정확히 32,768번 진동한다는 것을 알아냈어요. 이 진동 횟수를 셀 수 있는 전기 회로에 수정을 넣으면 수정 시계로 시간을 매우 정확하게 나타낼 수 있었어요. 수정 시계는(그리고 나중에는 수정 회중시계도) 하루 동안 오차가 0.5초도 되지 않았어요. 훌륭하죠!

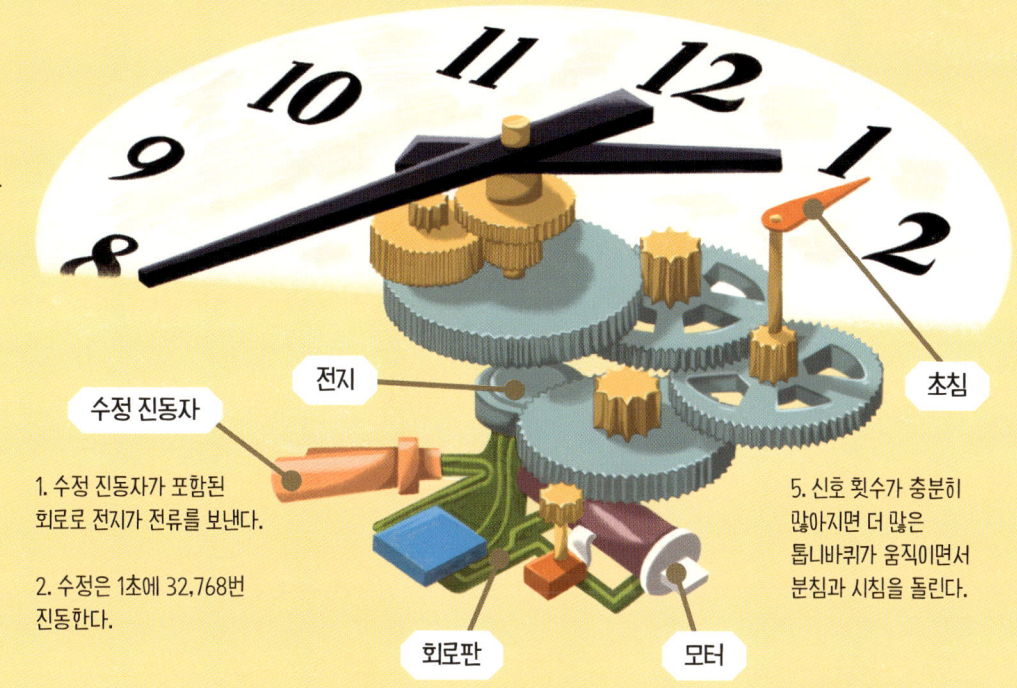

수정 진동자 전지 초침

1. 수정 진동자가 포함된 회로로 전지가 전류를 보낸다.

2. 수정은 1초에 32,768번 진동한다.

회로판 모터

3. 회로는 진동 횟수를 세어 1초가 지날 때마다 전기 신호를 한 번씩 보낸다.

4. 시계의 톱니바퀴를 돌리는 작디작은 전기 모터가 이 신호에 따라 움직이면서 초침을 돌린다.

5. 신호 횟수가 충분히 많아지면 더 많은 톱니바퀴가 움직이면서 분침과 시침을 돌린다.

원자시계

수정 시계가 정확함을 뽐낼 수 있었던 기간은 25년 정도밖에 되지 않았어요. 궁극의 시계가 등장했거든요. 원자시계는 원자의 진동을 세는데, 세슘 133 같은 원자는 1초에 9,192,631,770번 앞뒤로 흔들릴 수 있어요. 오랫동안 연구한 끝에, 원자시계는 놀라우리만치 정확하고 신뢰할 수 있다는 것이 입증되었답니다.

세계 시간대에서부터 지피에스에 이르기까지 지금은 모든 것이 원자시계에 의존해요. 260개가 넘는 원자시계가 전 세계 곳곳에서 서로 연결되어 매우 정확한 시간을 알려 주고 있어요. 일부 벽시계나 회중시계는 전파 신호를 이용하여 이 원자시계로부터 직접 시간을 전송받고 있어요.

미국 실험천체물리학 합동연구소에 있는 양자 기체 원자시계는 140억 년 동안 오차가 0.1초에 지나지 않아요. 140억 년이면 우주의 나이보다 조금 더 긴 시간이죠!

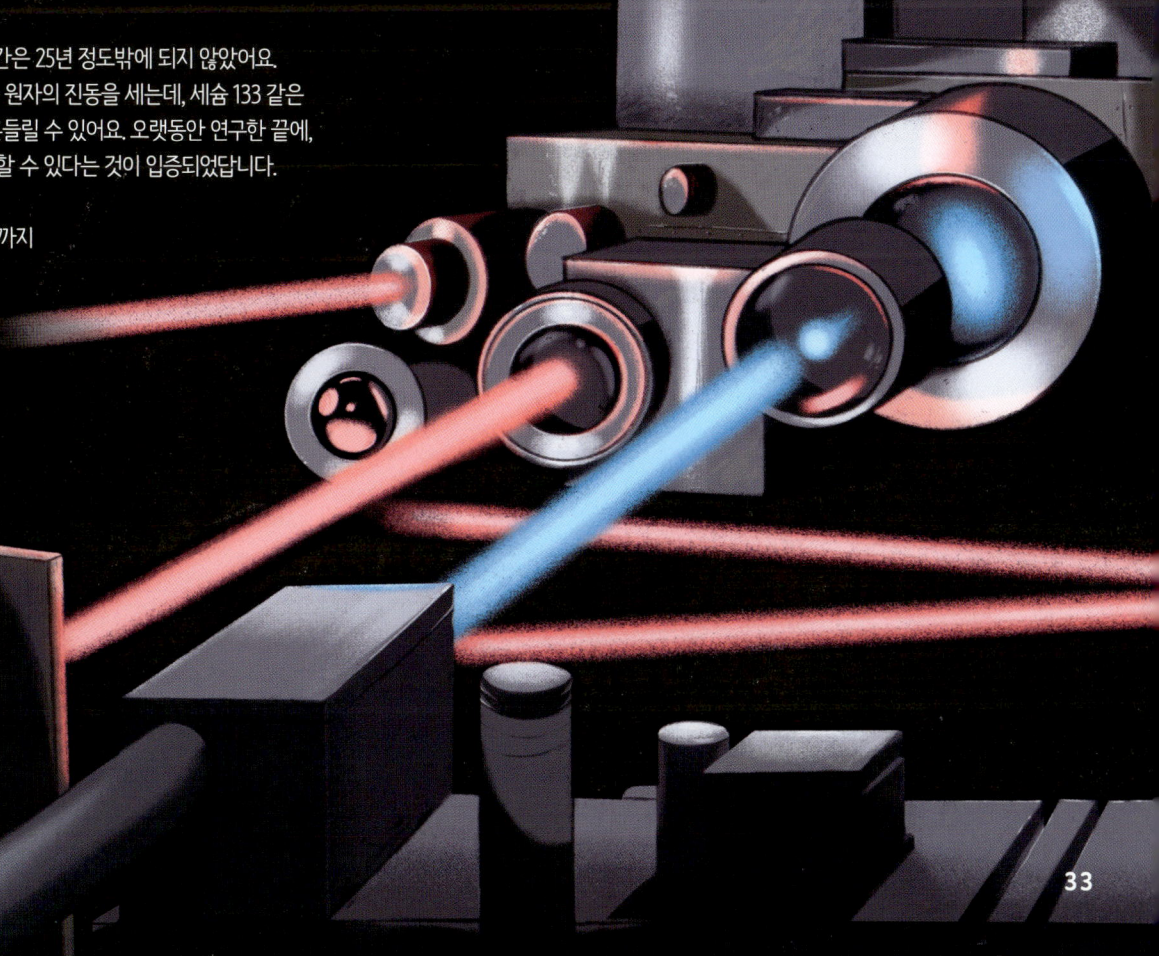

시계 챔피언

때에 따라 시계는 시간을 알려 주는 데에서 끝나지 않아요.
그 고장의 볼거리가 되어 시계를 구경하려는 관광객을 끌어들일 수도 있어요.
어떤 시계는 자기만의 이름을 지닌 명물이 되었어요!

빅 벤

영국 런던 웨스트민스터 궁전의 엘리자베스 타워에 4면에 시계가 달린 유명한 시계탑이에요. 다들 '빅 벤'이라 부르지만, 사실 빅 벤은 이 시계가 울리는 13.7톤에 이르는 거대한 종 이름이에요. 추를 감아올리는 데만 1시간이 넘게 걸리고, 길이는 4.4미터에 무게는 310킬로그램에 이르는 진자를 이용하여 시간을 재요. 다섯 사람 몸무게 정도 되는 거죠. 진자 장치에 영국의 페니 동전을 얹거나 빼는 방법으로 시계가 가는 속도를 하루 0.4초씩 빠르거나 늦도록 조정할 수 있어요.

뜨개 딱

노르웨이 미술가 시렌 엘리세 빌헬름센은 뜨개질이 얼마나 이루어졌는지에 따라 시간을 재는 시계를 만들었답니다! 그녀의 시계는 365일 동안 정확히 2미터 길이의 스카프를 떠요. 이 시계는 전 세계 곳곳의 미술관에서 전시되었어요.

아우겐롤러(눈알 굴리기)

독일 코블렌츠에 있는 아우겐롤러에는 16세기에 참수형을 당한 강도의 얼굴 조각물이 달려 있어요. 시계의 진자가 움직이면 얼굴이 눈알을 굴리고 30분마다 한 번씩 혀를 내밀어요.

뻐꾸기시계

세계에서 가장 큰 뻐꾸기시계는 독일 트리베르크 쇼나흐에 있는데 완전히 한 채의 집처럼 보여요. 일반 뻐꾸기시계보다 60배나 크거든요. 매시 정각과 30분에 튀어나오는 새는 길이가 4.5미터에 무게는 150킬로그램이나 나간답니다.

라트하우스 글로켄슈필

독일 뮌헨에 있는 이 복잡한 시계는 매일 오전 11시와 정오가 되면 음악을 연주해요. 그리고 기사들이 말을 타고 창 시합을 벌이고 통 만드는 장인들이 춤추는 등 32명의 기계 인물이 12~15분 동안 음악에 맞춰 공연을 한답니다.

바늘이 31개

바쉐론 콘스탄틴의 레퍼런스 57260은 세계에서 가장 복잡한 시계예요. 2,826개의 부품으로 만들어진 이 시계는 바늘이 31개나 되는 데다 시간대, 알람, 별의 움직임을 보여 주는 등 다양한 기능을 갖추고 있어요. 설계하여 완성하는 데 8년이 걸렸고, 미국 돈으로 1천만 달러에 팔렸답니다.

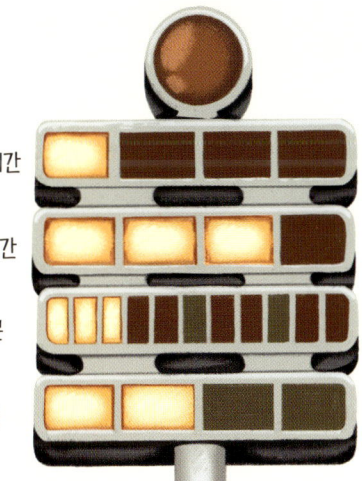

1칸 = 5시간
1칸 = 1시간
1칸 = 5분
1칸 = 1분

따라서 이 시계가 지금 나타내는 시간은 8시 17분이에요.

메카의 시계탑

사우디아라비아 메카에 있는 이 시계탑은 4면에 시계가 달린 세계에서 가장 높고 가장 큰 시계탑이에요. 각 시계의 중심은 지상 430미터라는 아찔한 높이에 있고, 시계의 문자판은 너비가 43미터나 되어요. 빅 벤의 6배나 되는 거죠. 분침은 길이가 23미터예요. 밤에 시계를 밝히는 용도로 엘이디가 2백만 개 이상 사용되었어요.

물시계

일본 오사카 역에는 매우 특이한 물시계가 있어요. 촘촘하게 설치된 노즐에서 떨어지는 물줄기 모양을 컴퓨터로 조절하여 숫자를 보여 주는데, 이렇게 만들어진 디지털 시계는 폭이 6.5미터나 되어요.

멩언레르우어(집합 이론 시계)

독일 베를린에 있는 신기한 멩언레르우어 시계는 신호등처럼 불이 들어오는 여러 개의 등을 조합하여 시간을 보여 줘요. 등 하나하나가 일정한 길이의 시간을 나타낸답니다.

일어날 시간이에요

오늘날 우리는 정해진 시간에 일어나려면 시계나 스마트폰으로 알람을 맞출 수 있어요. 그렇지만 옛날에는 어떻게 했을까요?

기상 경적

아침에 일어나 하루를 시작할 때 사람들은 주로 새소리나 침실로 들어오는 햇빛 같은 자연 신호를 이용했어요. 교회 종소리나 수탉이 우는 소리에 잠을 깨는 사람도 있었죠.

19세기 서양에서는 일하는 공장 옆 기숙사에 사는 노동자가 많았어요. 공장 사장은 기숙사에 강력한 경적을 설치해 놓고, 일어나서 교대할 시간이 되면 큰 소리로 경적을 울렸어요.

기상꾼

알람 시계가 흔하지 않던 시절, 남들보다 일찍 일어나 일할 필요가 있을 때 기상꾼에게 요금을 내고 잠을 깨우는 서비스를 예약하는 사람이 많았어요. 잠을 깨우는 기상꾼은 장대를 들고 동네를 돌아다니며 자기 고객이 잠자는 위층 창을 장대로 두드렸어요. 오전 4시에 작업이 시작되는 공장 지역에서 흔히 볼 수 있었는데, 1950년대까지도 영국에서는 여전히 소수의 기상꾼이 이 일을 했답니다.

영국 런던의 메리 스미스라는 기상꾼은 아주 기다란 장대를 가지고 다니기가 귀찮아지자 말린 콩을 바람총으로 쏘아 창문을 두드리는 기발한 방법을 썼어요.

알람 시계

머리맡에 두는 최초의 알람 시계는 1787년 레비 허친스라는 젊은 미국인 제작자가 만들었다고 해요. 이 시계는 오전 4시라는 정해진 시간에만 알람을 울릴 수 있었어요(작은 종을 울리는 방식). 허친스가 1년 내내 아침에 일어나고 싶은 시간이 4시이기 때문이었어요! 알람 시간을 맞출 수 있는 기계식 시계는 그로부터 70년이 지난 뒤에야 만들어졌어요. 프랑스와 영국 시계 제작자들이 1개 또는 2개의 종을 망치로 두들기는 시계를 생산했는데, 상당히 시끄러운 소리가 났답니다.

1891년에는 '일찍 일어나는 사람들의 친구'가 등장했는데, 알람이 울림과 동시에 뜨거운 차를 끓이는 세계 최초의 장치였어요.

희한한 알람 시계

오랜 세월에 걸쳐 제작자들은 사람들을 깨울 창의적인 방법을 무수히 고안해 냈어요. 다시 잠들지 않게끔 할 방법까지도요!

1867년 파리에서 기계식 침대가 판매되었어요. 침대의 알람 시계가 울리면 톱니바퀴가 돌면서 침대가 기울어져 사람을 밀어냈어요. 윌리엄 스트레이치라는 영국의 괴짜 작가는 이 침대를 사서 자신을 바로 욕실로 밀어내도록 개조했어요.

어떤 알람 시계는 사람을 깨워 침대 밖으로 끌어내도록 설계되었어요. 스누즈 버튼을 누르고 다시 잠들 위험을 줄이는 거죠. 바퀴가 달려 방 안을 빠른 속도로 돌아다니는 알람 시계도 있고, 심지어는 날아다니는 알람 시계도 있었는데, 알람을 끄는 데 필요한 부품을 가지고 날아다녔기 때문에 붙잡지 못하면 알람을 끌 수가 없었어요!

어떤 알람 시계는 그보다 훨씬 더 친절하게 음악이나 상쾌한 자연 향을 사용하여 잠을 깨웠어요. 해돋이 알람 시계는 아침 햇살에 기상하던 먼 옛날과 마찬가지로, 떠오르는 해의 빛깔과 밝기를 내도록 만든 등을 켜 주었어요.

전기 알람 시계의 스누즈 버튼 (버튼을 눌러 알람을 정지시키면 일정 시간 뒤에 다시 알람이 울리는 기능)은 1956년 발명되었어요. 5분이나 10분 동안 꿀잠을 더 잘 수 있게 해 주었답니다.

탐험 시대

16세기와 17세기는 유럽 출신 탐험가의 전성시대였어요. 뱃사람은 무엇과 마주치게 될까 궁금해하면서 미지의 바다를 건너 장대한 항해에 나섰어요. 그렇지만 한 가지 커다란 문제가 있었어요. 바다 한가운데에 있는 선원이 자신의 위치를 정확하게 알 수 있는 방법은 무엇일까요?

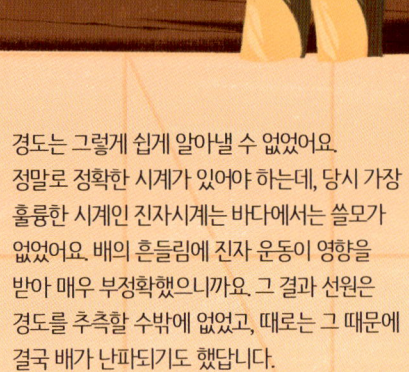

추측 항법

초기 선원은 항해할 때 육지의 경계표를 이용하기 위해 해안 가까이에서 배를 몰았어요. 그러다가 미지의 바다를 통과해야 할 때에는 추측 항법이라는 방법을 이용했어요. 모래시계로 시간을 재고 항해하는 속도를 측정하여 항해한 거리를 계산해 내는 방법이었어요.

1707년, 영국 해군 4척이 항로를 벗어나 실리 제도(영국)의 암초에 부딪혀 난파되면서 1,400명이 넘는 인명 피해를 입었어요.

경도 문제

추측 항법의 문제점은 자그마한 측정 오류도 많이 쌓이면 쉽게 부정확한 결과를 만들 수 있다는 것이었어요. 특히 아무 특징이 없는 미지의 바다에서는 더 그랬어요. 자신의 위치를 정확하게 측정하려면 자신이 탄 배의 위도와 경도를 알 필요가 있었어요(39쪽 위 글 상자 참조).

수평선 위 태양의 각도를 측정하면 위도를 대략적으로 알아낼 수 있었어요. 날마다 정오(태양이 가장 높이 떠오르는 시간)가 되면 선원은 성반이라는 기구를 사용하여 각도를 측정한 다음, 미리 준비된 표를 보고 그 각도에 해당하는 위도를 찾아냈어요.

경도는 그렇게 쉽게 알아낼 수 없었어요. 정말로 정확한 시계가 있어야 하는데, 당시 가장 훌륭한 시계인 진자시계는 바다에서는 쓸모가 없었어요. 배의 흔들림에 진자 운동이 영향을 받아 매우 부정확했으니까요. 그 결과 선원은 경도를 추측할 수밖에 없었고, 때로는 그 때문에 결국 배가 난파되기도 했답니다.

위도, 경도, 위선, 경선

위선과 경선은 지구를 도는 가상의 선이고, 각 선의 위치를 위도와 경도라 불러요.

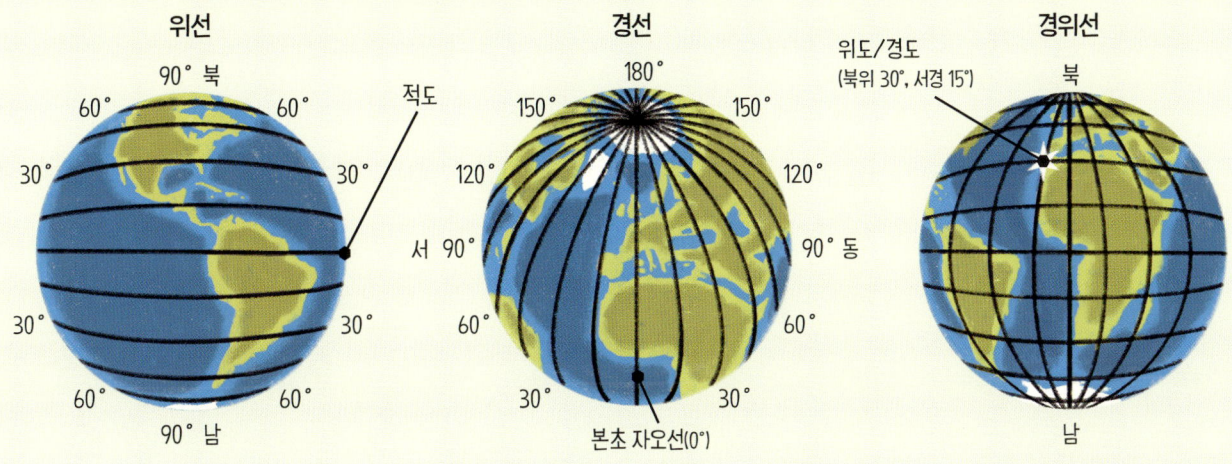

위도는 우리가 적도로부터 남쪽이나 북쪽으로 얼마나 떨어져 있는지를 따져요. 0°는 적도이고, 북위 90°는 북극, 남위 90°는 남극이에요.

경도는 북극에서 남극으로 이어지는 경선이 동쪽이나 서쪽으로 얼마나 떨어져 있는지를 따져요. 경선은 지구를 동경 180°에서부터 서경 180°로 나누는데, 그 기준이 되는 선을 '본초 자오선(0°)'이라 불러요. 본초 자오선은 영국 런던을 지나는 경선이에요.

자신의 위도와 경도를 알고 있으면 이 좌표를 이용해서 지도에서 자신의 위치를 정확하게 나타낼 수 있어요.

경도 문제의 해법

1500년대 이후로 스페인, 포르투갈, 영국 같은 해양 강국은 경도 문제를 해결할 방법을 찾기 위해 상당한 상금을 내걸었어요. 경도 문제는 크리스티안 하위헌스나 아이작 뉴턴 같은 유명 과학자의 마음을 사로잡았지만 아무도 성공하지 못했어요.

1714년 영국 정부는 누구든 이 문제를 해결하는 사람에게 최고 2만 파운드(현재 수백만 파운드에 해당)를 주겠다고 했어요. 영국의 목수이자 시계 제작자인 존 해리슨(1693-1776)은 이 상금을 받기 위해 일생의 많은 부분을 바쳤고, 결국 70대의 나이가 되어 상금을 받았어요. 그는 해상 시계(크로노미터)라 불리는 정확한 기계식 시계를 만들었어요. 이 시계는 진자 대신 믿을 수 없을 정도로 정교한 평형 바퀴와 톱니바퀴 장치를 갖추고 있었는데, 습하고 온도 변화가 극심한 데다 끊임없이 흔들리는 바다 환경에서도 문제없이 동작했어요. 정확한 시계 덕분에 마침내 선원은 바다에서 경도를 계산해 낼 수 있었답니다.

해리슨의 H4 해상 시계는 그가 만든 걸작품이었어요. 너비가 13센티미터여서 손에 들 수 있는 이 시계는 대서양을 건너는 두 차례의 시험 항해에서 매우 정확하다는 것이 입증되었어요. 하루 동안의 오차가 0.2초도 되지 않았거든요.

하늘에서 알려 주는 시간

지구 위에서 나의 위치를 알 수 있게 해 주는 시계의 놀라운 능력은 지구 위 높은 곳에서 궤도를 도는 인공위성 덕분에 우주 시대로 들어갔어요. 러시아의 글로나스, 일본의 준천정 위성 시스템, 중국의 베이더우 등 위성 항법 시스템에는 여러 가지가 있어요. 그렇지만 그중 가장 유명한 것은 미국이 운영하는 위치 정보 시스템인 지피에스(GPS)예요.

어떻게 작동할까요?

현재 지피에스 시스템은 지상 20,200킬로미터 높이에서 궤도를 도는 31개의 내브스타 위성으로 이루어져 있어요. 24개 이상의 위성이 동시에 사용되는데, 4개씩 같은 궤도를 돌도록 구성되어 있어요. 위성은 지구를 하루 2번씩 돌면서 지구의 거의 어떤 곳에서든 항상 반드시 4개의 위성이 보이도록 되어 있어요.

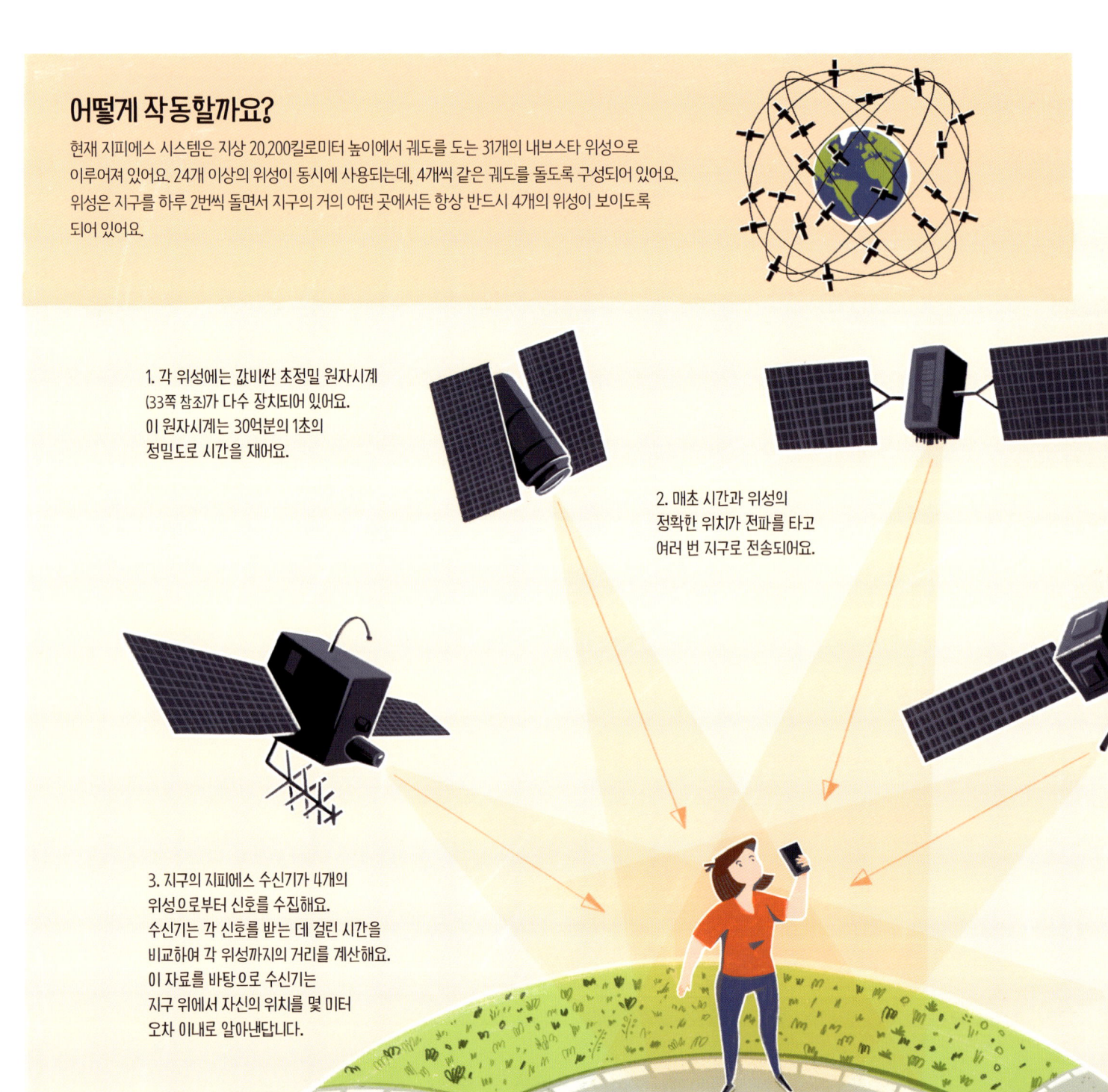

1. 각 위성에는 값비싼 초정밀 원자시계 (33쪽 참조)가 다수 장치되어 있어요. 이 원자시계는 30억분의 1초의 정밀도로 시간을 재어요.

2. 매초 시간과 위성의 정확한 위치가 전파를 타고 여러 번 지구로 전송되어요.

3. 지구의 지피에스 수신기가 4개의 위성으로부터 신호를 수집해요. 수신기는 각 신호를 받는 데 걸린 시간을 비교하여 각 위성까지의 거리를 계산해요. 이 자료를 바탕으로 수신기는 지구 위에서 자신의 위치를 몇 미터 오차 이내로 알아낸답니다.

아무리 짧은 순간이라도 중요해요

지피에스 신호는 빛의 속도로 이동해요. 다시 말해 10억분의 1초 동안 30센티미터 정도 거리를 달려간다는 거죠.
지피에스 위성의 시계가 오락가락하거나 서로 정확하게 일치하지 않는다면 시스템은 더 이상 정확하게 작동하지 못해요.

지피에스 시스템은 우리 위치를 3~6미터 오차 이내로 정확하게 찾아낼 수 있어요.

위성의 시계가 서로 1백만분의 1초만 어긋나도 오차 범위는 300미터 이상으로 늘어날 수 있어요.

1천분의 1초가 어긋나면 지피에스의 오차 범위는 300킬로미터나 되어요. 그러면 지피에스 수신기는 우리가 있는 곳이 런던인지 파리인지 분간할 수 없어요!

갖가지 용도에 이용되어요

지피에스는 원래 순전히 군사용이었지만, 지금은 누구나 이용할 수 있어요. 자동차의 내비게이션 시스템뿐 아니라 달리기, 걷기, 자전거 타기 등 운동을 할 때 얼마나 오랫동안 어떤 속도로 얼마만큼 움직였는지를 알 수 있어요. 그 밖에도 놀라울 정도로 다양한 곳에 활용되고 있답니다.

자연학자는 멸종 위기에 있는 동물에게 지피에스 송신기를 달아 위치를 파악하고 밀렵꾼으로부터 보호해요.

미술품에 초소형 지피에스 추적기를 달면 도난당했을 때 미술품의 위치를 알아낼 수 있어요.

농장에서는 지피에스 장치를 단 무인 트랙터로 밭을 갈게 해 두고 그 사이에 농부는 다른 일을 할 수 있어요.

바다에서 선박 사고가 나면 부표에 설치된 지피에스 수신기를 통해 기름이나 화학 물질이 얼마나 넓게 퍼졌는지 알 수 있어요.

산불이 나면 헬리콥터에서 지피에스로 산불의 가장자리를 지도에 표시하여 지상의 소방관에게 경고해요.

어떤 예술가는 지피에스 추적기를 단 자전거를 타고 달리면서 그 경로를 지도에 표시하여 예술 작품을 만들어요.

시간대

우리가 동쪽이나 서쪽으로 멀리 여행하다 보면 시계의 시간을 바꿔 주어야 하는 때가 있어요. 이것은 우리가 가는 곳이 원래와는 다른 시간대에 있기 때문이에요. 시간대는 어떻게 생겨났을까요?

시간대의 작동 방식

북극과 남극을 잇는 자오선을 따라 세계를 24개의 시간대로 나누어요. 지구가 360°이므로 각 시간대는 15°만큼에 해당되어요. 본초 자오선보다 동쪽에 있는 시간대는 그리니치 표준시보다 빠르고, 서쪽 시간대는 느려요.

열차가 뒤죽박죽

지구가 자전한다는 것은 지구의 어떤 부분은 밤이고 어떤 부분은 낮이라는 뜻이에요. 옛날에는 다들 자기가 사는 곳에서 해가 뜨고 지는 때에 따라 시간을 설정했어요. 그러나 먼 곳이 속도 빠른 기차로 연결되면서 문제가 생기기 시작했어요. 들르는 곳마다 서로 시간이 다르면 기차가 어떻게 운행 시간표를 지킬 수 있겠어요? 철도 회사가 제각기 '운행 시간표'를 만들기 시작했지만, 각 도시의 시간뿐 아니라 다른 회사의 시간표와도 충돌을 일으켰고, 그 때문에 사고도 일어나고 갈아탈 열차를 놓치는 문제도 생겨났어요. 심지어 현지 시간과 열차 시간을 가리키는 용도로 분침이 2개인 시계까지 만들어졌어요!

1878년, 샌포드 플레밍이라는 캐나다인 공학자가 훌륭한 생각을 해냈어요. 세계를 오렌지 조각처럼 24개의 표준 시간대로 나누면 어떨까?
1884년에 열린 협의회에서 그리니치 표준시(지엠티)를 그 출발점으로 삼기로 했어요. 그리니치 표준시는 영국 런던의 왕립 그리니치 천문대를 지나는 본초 자오선(39쪽 참조)에서 측정하는 시간이에요.

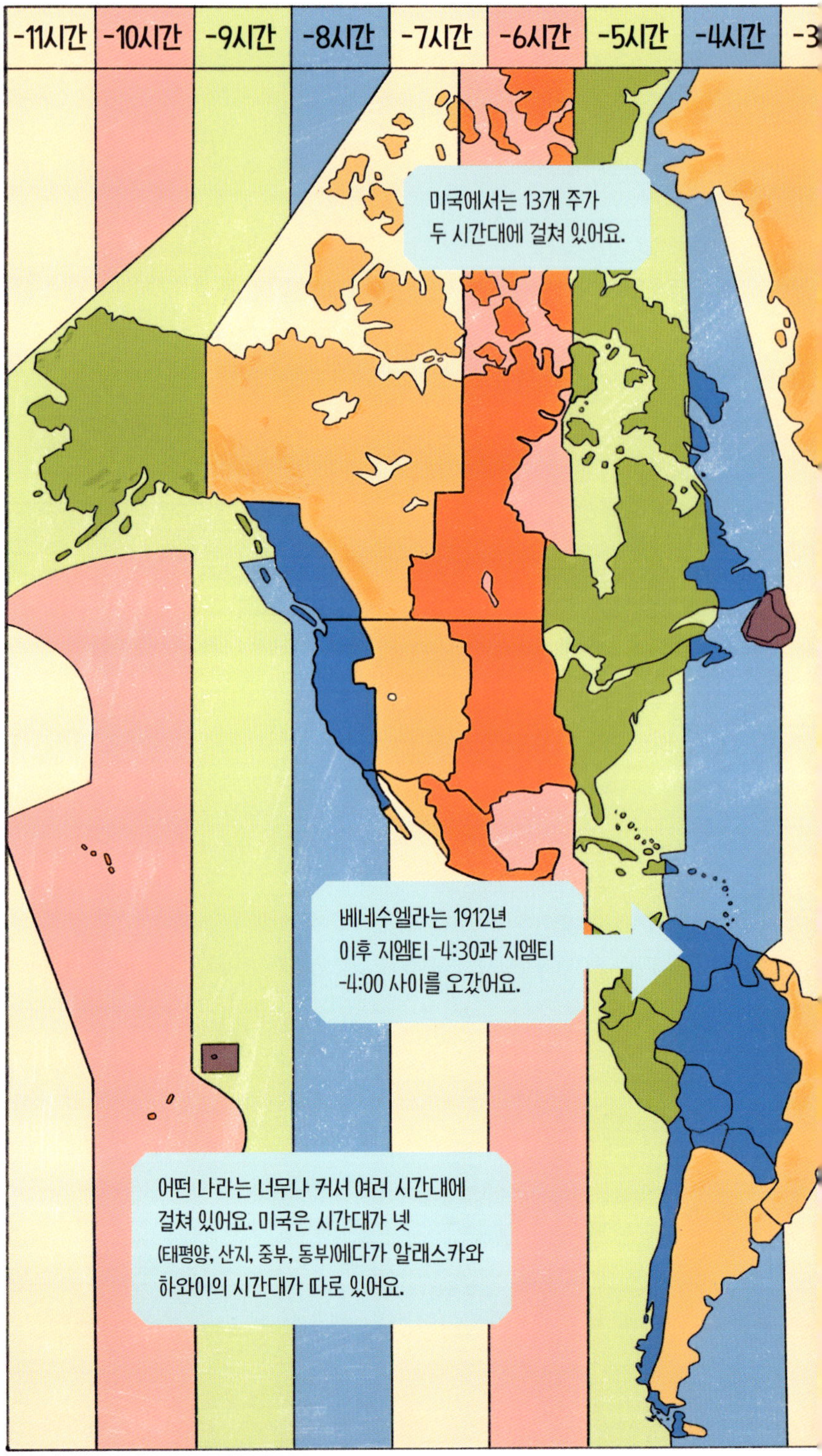

| -11시간 | -10시간 | -9시간 | -8시간 | -7시간 | -6시간 | -5시간 | -4시간 | -3 |

미국에서는 13개 주가 두 시간대에 걸쳐 있어요.

베네수엘라는 1912년 이후 지엠티 -4:30과 지엠티 -4:00 사이를 오갔어요.

어떤 나라는 너무나 커서 여러 시간대에 걸쳐 있어요. 미국은 시간대가 넷(태평양, 산지, 중부, 동부)에다가 알래스카와 하와이의 시간대가 따로 있어요.

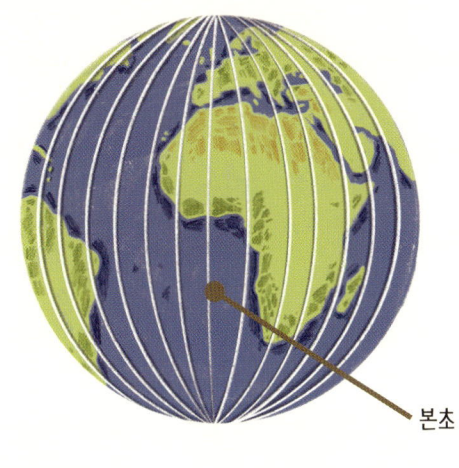

만일 런던에서 정오에 서울에 있는 사람에게 전화를 건다면, 서울은 지엠티 +9 시간대에 해당하여 오후 9시가 되어요. 런던보다 9시간 빠른 거죠. 또 런던에서 지엠티 -9 시간대에 있는 사람에게 똑같이 정오에 전화를 걸면 그 사람은 화를 낼지도 몰라요. 새벽 3시일 테니까요!

국제 날짜 변경선

국제 날짜 변경선은 본초 자오선으로부터 지구를 반 바퀴 돈 곳에 있어요. 태평양 한가운데를 지나가는데, 하루의 끝이자 다음날의 시작에 해당되어요. 이 선을 지나가면 하루가 없어지거나 더 생긴답니다.

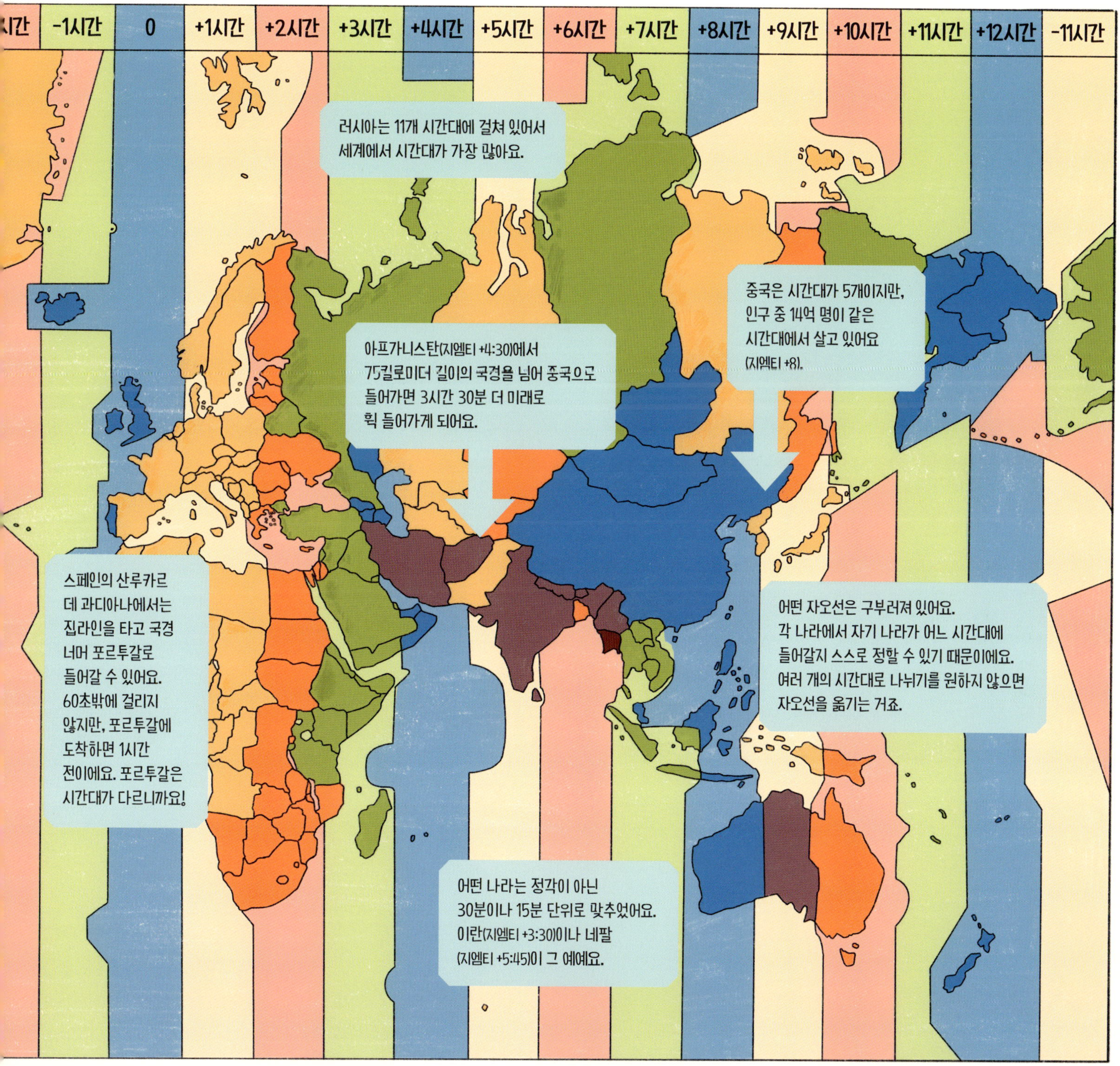

본초 자오선(0°) (지엠티)

−1시간 | 0 | +1시간 | +2시간 | +3시간 | +4시간 | +5시간 | +6시간 | +7시간 | +8시간 | +9시간 | +10시간 | +11시간 | +12시간 | −11시간

러시아는 11개 시간대에 걸쳐 있어서 세계에서 시간대가 가장 많아요.

아프가니스탄(지엠티 +4:30)에서 75킬로미터 길이의 국경을 넘어 중국으로 들어가면 3시간 30분 더 미래로 휙 들어가게 되어요.

중국은 시간대가 5개이지만, 인구 중 14억 명이 같은 시간대에서 살고 있어요 (지엠티 +8).

스페인의 산루카르 데 과디아나에서는 집라인을 타고 국경 너머 포르투갈로 들어갈 수 있어요. 60초밖에 걸리지 않지만, 포르투갈에 도착하면 1시간 전이에요. 포르투갈은 시간대가 다르니까요!

어떤 자오선은 구부러져 있어요. 각 나라에서 자기 나라가 어느 시간대에 들어갈지 스스로 정할 수 있기 때문이에요. 여러 개의 시간대로 나뉘기를 원하지 않으면 자오선을 옮기는 거죠.

어떤 나라는 정각이 아닌 30분이나 15분 단위로 맞추었어요. 이란(지엠티 +3:30)이나 네팔(지엠티 +5:45)이 그 예예요.

서머 타임 (일광 절약 시간)

세계의 거의 절반이 봄과 가을마다 시간을 조정해요. 서머 타임이라 불리는 이 제도는 봄이 되면 시계를 1시간 앞당김으로써 늦봄과 여름 동안 저녁 때에 일광 시간을 1시간 추가해요. 잠잘 시간이 1시간 줄어 짜증나는 사람도 있지만, 많은 사람이 덤으로 생긴 밝은 1시간을 즐긴답니다.

얼마든지 마음대로

제2차 세계대전이 끝난 뒤 미국의 모든 도시 모든 지방은 서머 타임을 적용할지 여부와 적용하는 날짜를 스스로 택할 수 있었어요. 이것은 운행 시간을 엄격하게 지키는 운송 회사에 혼란을 일으켰어요. 일부 버스 노선은 승객이 버스를 타고 가는 50분 동안 시계를 예닐곱 번 새로 맞춰야 했답니다!
미국은 1966년 모든 지역에서 같은 날짜에 서머 타임을 적용하고 해제해야 한다는 법률을 통과시켰어요. 2007년에는 서머 타임이 끝나는 날짜를 가을이 시작되는 11월 첫째 주 일요일로 바꿨어요. 10월 31일 핼러윈 날, 어린이가 너무 어두울 때 사탕을 얻으러 다니지 않도록 말이에요. 왕!

봄에는 당기고, 가을에는 늦추고

영국에서는 3월 마지막 주 일요일 오전 1시에 시계를 1시간 당기고 10월 마지막 주 일요일 오전 2시에 1시간을 늦춰요. 나라에 따라 시간을 바꾸는 날짜나 시간은 다르지만, 어느 나라에서든 깨어 있는 사람이 가장 적은 밤중에 시간을 바꾼답니다. 시리아나 파라과이 같은 나라에서는 자정에 시간을 조정해요. 이것은 가을이 되어 시간을 다시 늦추면 그 전날 밤 11시가 된다는 뜻이에요!

햇빛을 붙잡아라

서머 타임을 받아들인 최초의 나라는 1916년 독일과 오스트리아였어요. 두 나라는 제1차 세계대전 중이었고, 저녁 1시간을 더 활용할 수 있다면 에너지를 많이 절약할 수 있겠다고 생각했어요. 그렇게 아낀 에너지를 전쟁에 쏟을 수 있으니까요. 두 나라와 싸우는 나라들도 이 제도를 금방 받아들였어요. 미국에서는 '패스트 타임(Fast Time)'이라는 이름으로 불렸고, 영국에서는 '서머 타임(Summer Time)'이라 불렸어요. 제2차 세계대전이 벌어지자 영국은 1941년부터 1945년까지 봄마다 2시간씩 시간을 당겼어요.

시간 쌍둥이

2016년 에밀리 피터슨은 미국 케이프코드 병원에서 특이한 쌍둥이 아들을 낳았어요. 새뮤얼이 먼저 태어났지만, 나중에 태어난 로넌이 공식적으로는 형이에요! 그 이유는? 새뮤얼은 시계를 1시간 늦추기 직전인 오전 1시 39분에 태어났어요. 로넌은 31분 뒤에 태어났지만, 서머 타임 때문에 오전 1시 10분에 태어나 형이 되었답니다.

세계 어느 나라에서?

현재 70개 정도 되는 나라에서 서머 타임을 적용하고 있어요. 적도 근처에 있는 나라는 대부분 1년 내내 일광 시간이 별로 달라지지 않기 때문에 상관하지 않아요. 그 나머지 지역 중에서는 이랬다저랬다 하는 나라도 있어요. 1916년부터 포르투갈은 서머 타임 제도를 13차례 시행하거나 철회했고, 튀르키예는 16번이나 그랬답니다!

희한한 시간

세월이 흐르는 동안 몇 가지 희한한 일이 벌어졌어요. 사람들은 이상한 방식으로 시간을 사고팔고, 세금을 매기고, 조정하고, 측정하고 이름을 붙였어요.

시간 세금

1797년 영국 정부는 새로운 세금을 도입했는데… 바로, 시계에 대한 세금이었어요. 금장이나 은장 시계를 소유한 사람이면 누구나 10실링을 내야 했어요. 오늘날 가치로 10만 원이 넘어요! 이 세금은 너무나 많은 원성을 샀어요. 특히 시계 제작자들은 이 때문에 수백 명이나 일자리를 잃었어요. 세금은 그 이듬해에 폐지되었답니다.

시간 장사

라디오를 비롯한 무선 통신이 발명되기 이전에는 사람들이 시간을 정확하게 유지하기가 쉽지 않았어요. 19세기 시계는 대체로 시간을 자주 맞춰 줘야 했어요. 그런데 사람들은 자신의 시계를 맞출 때가 되었다는 걸 어떻게 알았을까요?

영국 런던 그리니치 천문대 연구원 존 벨빌은 좋은 돈벌이가 될 생각을 해냈어요. 존의 가족은 정밀한 회중시계를 가지고 있었는데, 하루 동안 오차가 0.1초 이내였어요. 존은 아침마다 시계를 그리니치 천문대의 시계에 맞춘 다음, 런던 곳곳을 다니면서 사람들에게 자기 시계를 보게 하는 방식으로 시간을 팔았어요. 설마 그게 팔릴까 싶지만, 그의 서비스는 크게 성공했어요. 존의 아내와 딸 루스도 같은 사업에 나섰는데, 둘 모두 팔순이 넘도록 시간을 팔았어요. 사업은 1836년부터 1940년까지 계속됐답니다.

지렁이가 왔어요!

이제 20세기 이야기로 넘어와, 아시아의 뉴기니섬 동쪽 연안에 있는 트로브리안드 제도에서 사는 사람들은 새해를 시작하는 시기가 매우 특이했어요. 10월의 지렁이 날이 새해 첫날이었거든요. 이날에 팔롤로 지렁이가 떼를 지어 바다에서 올라와 알을 낳아요.

나에 관한 모든 것

2002년 투르크메니스탄 대통령 사파르무라트 니야조프는 1년 열두 달의 이름을 모두 바꿨어요. 9월은 그가 펴낸 시집 제목을 따 '루흐나마'로, 4월은 그의 어머니 이름을 따 '구르반솔탄'으로 바꿨어요! 이렇게 새로 바꾼 이름은 2008년까지 사용되었어요.

시간 혁명

1793년 프랑스는 한 주는 10일, 한 달은 3주가 되도록 달력을 바꿨어요. 더욱 과감한 것은 시계를 프랑스 혁명시로 바꿨다는 사실이에요. 이것은 하루를 24시간이 아닌 10시간으로 나누고, 각 시간은 100분으로, 각 분은 100초로 나누었어요.

이 실험은 혼란을 가져온 데다 비용도 많이 들었고(전국의 시계를 교체해야 했으니까요), 2년 뒤 외면당하기 시작했어요. 그렇지만 새로 만든 혁명시는 1806년까지 유지되었어요.

10진법 체계에서 오전 1:30은 0:62이고 정오는 5:00, 오후 3시는 6:25였어요.

인터넷 시간 시계에서 41.6 .비트는 일반적인 1시간이에요.

.비트 시간
지엠티 +1 시간대인 지역 시간

시간 비트

1998년 스위스 시계 제작사 스와치는 다시 한번 10진법 시간을 도입하려고 했어요. 그보다 200년 전에 프랑스인이 실패한 일이었죠. 스와치의 '인터넷 시간' 시계는 10진법에 따라 하루를 1천 개의 '비트'로 나누었는데, 각 .비트는 길이가 86.4초에 해당됐어요. 그렇지만 그다지 관심을 끌지 못했어요.

주말은 이제 땡!

11년이 넘도록 주말이 없다고 생각해 보세요. 1929년 소비에트 연방(소련, 현재 러시아) 사람들에게 벌어진 일이 바로 이것이었어요. 소비에트 연방 지도자 이오시프 스탈린은 '쉬지 않고 일하기'라는 뜻인 '네프레리브카'라는 주를 만들었어요. 이것은 한 주가 5일로 이루어지고, 노동자는 나머지 가족이 언제 쉬는지에 관계없이 5일 중 하루를 쉬었어요. 휴일 계획이 엉망이 되었죠! 스탈린은 그 이듬해에 한 주를 6일로 늘였지만, 1940년이 될 때까지 주말은 돌아오지 않았답니다.

1929   1940

지구의 시간별 변화

인간은 짤막한 길이의 시간에 초점을 맞추는 경향이 있지만, 지구는 그보다 훨씬 긴 시간 척도에서 움직여요. 지구는 시간에 따라 어떻게 변화하며, 지형이 나타나거나 바뀌는 데는 얼마나 오랜 시간이 걸릴까요?

조산 운동

공룡은 히말라야를 본 적이 없었어요. 안타깝죠. 오늘날 지구의 가장 높은 산맥은 공룡이 살았던 6,600만~2억 4,500만 년 전에는 존재하지 않았어요. 실제로 1억 년 전 인도는 적도 남쪽에 있는 섬이었어요. 북쪽으로 이동하면서 아시아와 부딪쳤고 그러면서 어마어마한 양의 암석이 위로 밀려 올라갔는데, 그 일부가 히말라야산맥을 이루었어요. 이 작용은 지금도 일어나고 있어요. 즉, 지구에서 가장 높은 에베레스트산이 해마다 0.5~1센티미터씩 높아지고 있다는 뜻이에요.

움직이는 대륙

우리 지구의 지각은 몇 개의 거대한 판으로 이루어져 있어요. 일종의 직소 퍼즐처럼 서로 맞물려 있지만, 대륙 이동이라는 작용을 통해 서로 떨어지거나 다른 대륙의 밑으로 들어갈 수 있어요. 이동하는 정도는 1년 동안 1~8센티미터밖에 되지 않아 미미하다 싶겠지만, 그것이 오랜 시간 쌓이면서 놀라운 변화가 일어났어요.

머나먼 옛날인 2억 2,500만 년쯤 전 남아메리카와 아프리카는 서로 맞물려 '곤드와나'라는 하나의 '초대륙'을 이루고 있었어요. 1억 3천만~1억 6천만 년 전쯤 두 대륙이 떨어져 나와 서로 멀어지기 시작했고, 그 사이에 대서양이 생겨났어요.

변화는 그뿐만이 아니었어요. 옛날에는 남극, 인도, 아라비아, 오스트레일리아가 모두 서로 이웃이었고, 유럽과 아시아, 북아메리카는 '로라시아'라는 거대한 대륙의 일부였어요.

지형 형성

그 밖에도 오랜 세월 동안 지형을 형성하는 작용이 여러 가지 있어요. 침식은 바람이나 물 같은 자연의 힘 때문에 바위가 깎여 나가는 현상이에요. 강물은 땅을 파고 흘러 들어가면서 지형을 완전히 바꿔 놓을 수 있어요. 미국 콜로라도강의 경우에는 매우 멋진 지형을 만들어 냈어요. 바로, 길이 448킬로미터에 깊이 1.8킬로미터인 그랜드 캐니언이에요. 만들어지는 데 5~6백만 년이 걸렸답니다.

화산

화산은 대개 수천 년 동안에 걸친 지하 활동과 지표면의 분출을 통해 만들어져요. 그렇지만 이따금 매우 빠르게 형성되기도 해요. 1943년 2월 20일 멕시코 파리쿠틴의 어느 옥수수 밭에서 화산이 분출하기 시작했어요. 그로부터 24시간이 지나지 않아 50미터 높이의 원뿔 모양 화산이 나타났어요! 그 주가 끝날 무렵에는 높이가 150미터에 이르렀어요. 오늘날에는 424미터 높이가 되었어요.

불어나는 숫자

세월이 지나면서 인구는 크게 늘어났지만, 늘어나는 속도는 일정하지 않았어요. 기원전 1만 년에는 지구 전체 인구가 4백만 명에 지나지 않았을 거예요. 캐나다 몬트리올시 인구보다 적었죠. 오늘날 지구 인구는 12년마다 10억 명 정도씩 늘어나고 있어요. 남북아메리카 전체를 합친 인구만큼 늘어나는 거예요.

기원전 3000년
고대 이집트가 번성하기 시작했고, 전 세계 인구는 4,500만 명 정도였어요.

기원후 0년
전 세계 인구는 2억 3,000만~2억 4,000만 명이었어요.

기원후 1000년
전 세계 인구는 3억 2,300만 명 정도로 오늘날 미국 인구보다 적었어요.

1700년
인구가 폭발적으로 늘기 시작했어요.

1835년
1700년부터 1835년 사이에 인구가 2배로 늘어 10억 명을 넘겼어요.

1945년
총 인구가 24억 명이 되었어요.

1985년
전 세계 인구가 겨우 40년 만에 2배로 늘어나 48억 7,000만 명이 되었어요.

2000년
60억 명

2022년
80억 명

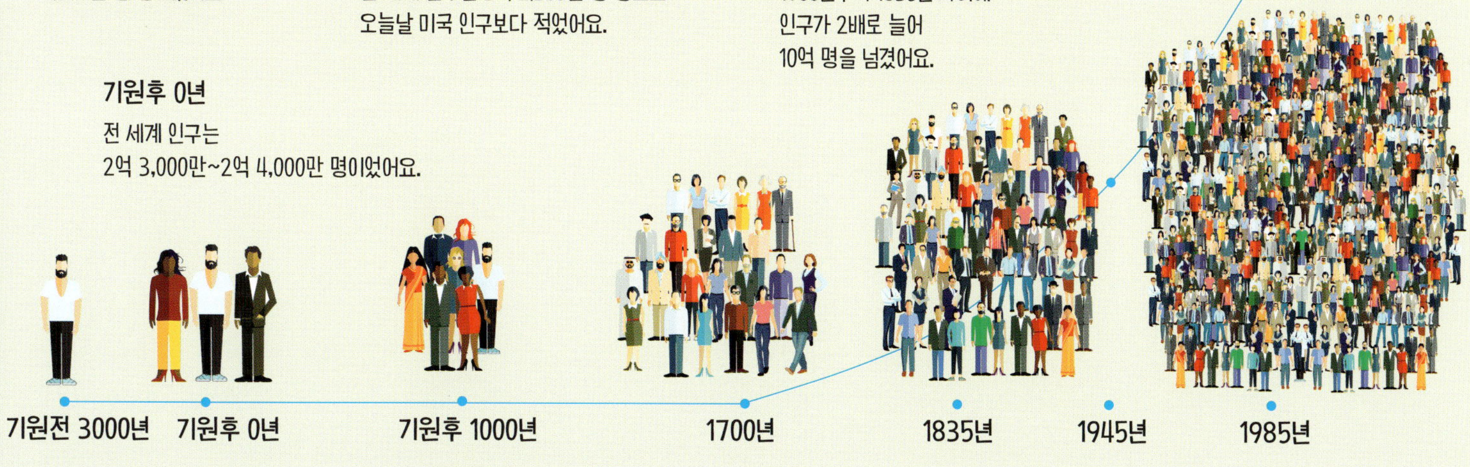

| 기원전 3000년 | 기원후 0년 | 기원후 1000년 | 1700년 | 1835년 | 1945년 | 1985년 |

지질 시대

지구의 시간은 45억 4천만 년 전 우리 행성이 형성되기 시작하면서 시작되었어요. 지질 시대는 암석을 가지고 지구의 기나긴 역사를 설명하는 개념이에요. 지층이라 불리는 암석층이 어떻게 형성되는지를 바탕으로 하는데, 가장 덜 오래된 지층은 맨 위쪽에 놓이고 가장 오래된 것은 맨 밑 가까이에 놓이는 경향이 있어요.

암석 속 스타

지질학자(암석 과학자)는 지질 시대를 이용하여 화석의 나이를 추정해요. 살아 있던 생물이 변해 만들어진 화석이 발견된 지층이 기준이 되는 거죠. 화석이 발견된 그 바로 위 지층과 그 바로 아래 지층을 연구하면 발견된 화석의 연대를 좁힐 수 있어요. 화석 '중첩' 원리는 한 층의 화석은 그 아래 지층에서 발견되는 화석보다 항상 덜 오래 되었다는 뜻이에요. 다시 말해 깊이 파고들어 갈수록 더 먼 옛날로 시간을 거슬러 올라간다는 거예요.

시간 척도

지질 시대는 얼핏 정말로 혼란스러워 보이는 시간대와 단위로 나뉘어 있어요. 그렇지만 실제로는 그리 복잡하지 않답니다.

무시무시한 티라노사우루스 렉스는 6,800백만~6,600백만 년 전에 살았어요.

페리스핑크테스 암모나이트는 2억 10만~1억 4,500만 년 전에 살았어요.

삼엽충은 5억 2,100만~2억 2,100만 년 전에 살았어요.

표준 화석

화석과 암석에 관한 지식이 늘어나면서 과학자는 어떤 좁은 시간대에 살았음을 알고 있는 화석('표준 화석'이라 불러요)을 이용하여 다른 알지 못하는 화석이나 암석층 전체의 연대를 추정해요. 예를 들면 티라노사우루스 렉스의 뼈대와 같은 지층에서 발견된 화석이라면 6,800만~6,600백만 년 전쯤 형성되었을 가능성이 높다는 뜻이에요.

나이든?

우리보다 나이가 많은 사물이 사물의 나이나 먼 옛날에 일어난 사건의 연대는 어떻게 추정할까요? 과학자는 연대 추정과 관련하여 시기를 알아내는 재미있는 방법을 몇 가지 알아냈답니다.

나무의 나이테

나무는 해마다 줄기가 조금씩 자라나요. 그렇게 자라난 부분은 껍질 바로 안쪽에 새로운 고리 모양을 이루어요. 여름 안쪽에서는 이 고리를 세어 나무의 나이를 비롯하여 여러 가지를 알아내요. 나무는 비가 많이 오는 해에 더 빨리 자라고 또 산불로 인한 상처가 나무의 줄기에 남기요. 이런 점이 과학자가 나무의 일생을 생생하게 그려 내는 데 도움이 된답니다.

나무가 완전한 단면을 알아버려더 줄기를 잘라 쓰러뜨리면 그 나무는 확실히 죽어요. 그래서 과학자는 종종 줄기 한가운데까지 구멍을 뚫어 나이테 샘플을 채취하는 방법을 사용한답니다. 그 샘플에 들어 있는 나이테에 각 부분을 연구하는 거예요.

- 비가 많은 해 또는 계절 (나이테가 두꺼워요)
- 가장 오래된 나이테는 맨 중심 가까이에
- 불에 탄 상처
- 껍질
- 비가 적은 해 (나이테가 얇아요)

물고기의 나이테

결공어류는 자느라마빼에 비늘 바늘이 더해지고, 귀 안에는 귓돌이라는 작디작은 돌이 만들어져요. 과학자는 나무의 나이테를 세는 것과 비슷하게 이런 층을 세어 내려갈 때마다 나이가 있는 것을 알 수 있어요. 상어의 경우에도 해마다 물고기의 나이테를 알아낼 수 있어요. 상어의 경우에도 해마다 비슷한 나이테가 척추뼈에 하나씩 생겨나요.

얼음 코어를 파인애플을 심음 파내는 것과 비슷해요.

얼음 코어

얼음 코어는 길고 좁다란 원통 모양으로, 빙하나 만년빙에 깊이 구멍을 뚫어 얻어 내요. 이런 코어에는 수천 년 이상에 걸쳐 쌓인 눈이 얼음으로 압축되어 들어 있어요. 눈이 내릴 때 대기 속에 녹아 있는 화학 물질이나 입자가 눈과 함께 떨어지는데, 이런 것이 작은 공기방울들과 함께 그 안에 간힌 얼음이 일부가 되어가요. 이 때문에 얼음 코어는 수세기 전 대기 상태가 흥미롭게 기록되어 있습니다.

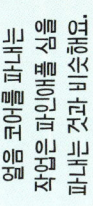

방사성 탄소 연대 측정

모든 생물체는 음식과 주위 공기로부터 탄소를 흡수해요. 그 일부는 탄소-14인데, 이것은 방사성이 있어서 붕괴해요. 동물이나 식물이 죽으면 더 이상 탄소를 흡수하지 않지만, 이미 흡수한 탄소-14는 계속 붕괴해요.

과학자는 남아 있는 탄소-14의 절반이 사라지는 데 시간이 얼마나 걸리는지 알고 있어요. 이것을 '반감기'라 부르는데, 약 5,730년이 걸리죠. 탄소-14는 일정한 비율로 줄어들기 때문에 과학자는 한때 살아 있었던 생물체 안에 탄소-14가 얼마나 남아 있는지를 측정함으로써 그 생물체가 얼마나 오래 되었는지를 잘 알 수 있어요.

이 기법은 나무나 가죽 같은 재료로 만들어진 유물이나 오래된 뼈에 사용되어, 방사성 탄소 연대 측정법은 고대에 만들어진 듯 보이는 미술품이 어느 현대에 만들어진 가짜로 증명하는 데에도 도움이 됩니다.

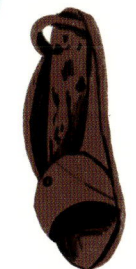

수명

어떤 것이 살아 있거나 지속되는 기간을 수명이라고 해요. 플라스틱 같은 것은 영원히 그대로일 것 같아 보여요. 티슈 같은 것은 몇 주면 썩어요. 자연계에서 생물이 늙는 속도는 천차만별이에요. 어떤 생물은 1년도 살지 못하는가 하면 또 어떤 생물은 몇 세기나 살아간답니다.

17년
일반 볼펜을 하루 한 번씩 서명하는 데에만 사용한다면 이만큼 오래 쓸 수 있답니다.

24시간
하루살이 어른벌레는 최고 24시간까지 살아요. 수명이 너무 짧아서 먹이를 먹을 입조차 없어요.

42일
이것이 일반적인 애기장대 (*Arabidopsis thaliana*)의 수명이에요.

60일
산호초에서 볼 수 있는 난쟁이피그미고비는 2달밖에 살지 못해요.

14년
위풍당당한 호랑이의 일반적인 수명은 놀라우리만치 짧아요. 평균 수명이 짧은 이유는 어린 나이에 죽는 호랑이가 많기 때문이에요.

5-7일
몸길이가 1밀리미터도 되지 않는 작디작은 복모동물은 모래와 물속에서 살아요. 알에서 어른이 되기까지 3일이 걸리고, 대개는 1주일도 채 되지 않아 일생이 끝나요.

50-70년
버드나무의 일반적 수명이에요.

1년 미만
꽃피우는 한해살이 식물은 모두 12개월 이내에 한살이를 완료해요. 씨앗에서부터 자라 꽃을 피우고 열매를 맺은 다음 죽는 거죠.

12년
일반적인 현대식 세탁기의 평균 수명이에요.

2년
족제비는 포유류 중 가장 수명이 짧은 동물에 속해요. 대부분 만 2살까지 사니까요.

나이 많은 앨버트로스
앨버트로스는 보통 40살까지 살아요. 2021년 태평양에 있는 미국 미드웨이 환초 국립 자연 보호 구역에서 어떤 암컷 앨버트로스가 70살이라는 나이에 어미가 되어 관리인들을 놀라게 했어요!

30년
버린 일회용 커피 컵의 수명이에요. 대부분 종이와 판지로 만들지만, 얇게 플라스틱을 입혀 놓았기 때문에 썩기까지 더 오래 걸려요.

272년 이상
길이 5.6미터인 어느 그린란드상어를 2016년 연구했는데, 나이가 272살에서 512살 사이로 생각돼요.

40-60년
코끼리는 많은 대형 포유류와 마찬가지로 수명이 길어요.

225년
1797년 진수된 미국의 컨스티튜션호는 아직까지 떠 있는 가장 오래된 배예요.

450년
투명한 플라스틱 물병의 일반적인 수명이에요. 플라스틱은 분해되는 데 오래 걸리는데, 그 때문에 폐기물 문제가 심각해지고 있어요.

가장 나이가 많은 육상동물
세이셸 코끼리거북 '조너선'은 2022년 190번째 생일을 맞이했어요. 과학자는 조너선이 1882년 세인트헬레나섬에 도착했을 때 50살이었을 것으로 추정해요. 그 뒤로 계속 그곳에서 살고 있답니다.

54년
2022년 중앙아프리카 공화국에서 태어난 사람의 평균 기대 수명이에요. 세계에서 가장 짧아요.

장수 조개
2006년 아이슬란드 근처 바다에서 채취한 어느 백합조개는 나이가 507살인 것으로 추정됐어요. 이 나이 많은 조개에는 '밍'이라는 이름이 붙었어요. 크리스토퍼 콜럼버스가 대서양을 가로지르기 전에 밍이 태어났다는 뜻이에요! 안타깝게도 밍은 검사를 받다가 죽고 말았답니다.

122년 164일
공인된 세계 최고령자의 나이예요. 잔 칼망(1875-1997)이라는 프랑스 여성이에요.

85년
2022년 홍콩에서 태어난 사람의 평균 기대 수명이에요. 세계 어느 곳보다도 더 길어요.
(한국은 현재 82.3세)

2,300년
카리브해에서 발견된 가장 오래된 항아리해면은 고대 로마 제국이 생겨나기 전에 태어났답니다.

4,856년
과학자는 미국 캘리포니아 동부의 한 브리슬콘소나무가 기원전 2833년 씨앗에서 싹을 틔웠을 것으로 추정해요. 고대 이집트인이 대 피라미드 건설을 시작한 때보다 2백여 년이나 앞선 때랍니다.

시간의 모습

여러 세기에 걸쳐 수많은 스타일과 패션이 나타났다가 사라졌어요. 과거를 돌이켜보면, 역사상 어느 시기에 어떤 양식의 건축과 의복이 유행했는지를 살펴봄으로써 시간의 흐름을 파악할 수 있어요.

모든 것은 변해요!

오늘날 패션은 빠르게 바뀔 수 있어요. 대중 매체와 인터넷 덕분에 유행이 퍼지기까지 몇 초밖에 안 걸리니까요. 그렇지만 과거에는 정보가 훨씬 더 느리게 퍼졌고, 어떤 패션이 한 나라나 대륙에서 자리를 잡기까지 1세기가 걸릴 수도 있었어요.

새로운 양식은 사물을 만드는 방법이 발전하거나, 의복에서 나일론이나 그 밖의 합성 섬유가 발명되거나, 건축에서 플라스틱이나 콘크리트로 곡선 모양을 만들 수 있을 때 등장할 수 있어요.

패션은 또 사회의 변화 때문에 변할 수 있어요. 예를 들면 1백 년 전 유럽에서는 자전거를 타거나 일터에 나가는 여성이 점점 많아지면서 실용적이지 않은 치렁치렁한 드레스와 꽉 끼는 코르셋 패션이 점점 드물어졌어요. 나중에 제2차 세계대전이 벌어지자 천을 더 적게 사용하는 더 단순한 의복을 찾게 되었어요.

서양 건축과 패션 연대표

고전(기원전 900년 무렵-기원후 470년)
석조 기둥, 대칭 강조

고딕(1100-1450)
뾰족한 아치, 높고 가느다란 탑

바로크(1600년대-1750)
화려하고 세밀한 장식, 곡선 형태, 돔, 둥그런 첨탑

고대 로마
지위 높은 남성이 입는 토가

고대 그리스
느슨하게 늘어진 튜닉

1300년대
모직 튜닉과 '호스'라 불리는 두꺼운 타이츠

1300년대
소매가 길고 바닥까지 내려오는 길이의 드레스

1600년대
더블릿(재킷)과 짧은 바지

1600년대
커다란 칼라와 수를 놓은 드레스

복고

옷이나 건축물 양식 중에는 유행이 지나갔다가 수십 년이나 수백 년 뒤 유행이 되돌아오거나 되살아나는 경우가 많아요. 1700년대 유럽에서 시작된 신고전주의 건축은 기둥, 돔, 대칭되는 선 등 고대 그리스와 로마의 고전주 양식을 모방했어요. 1800년대 빅토리아 여왕 시대의 영국에서는 중세 시대의 고딕 건축물에서 영감을 받아 '고딕 부흥'이 일어났어요. 그 결과 런던의 국회의사당 같은 건물이 탄생했어요.

의복 패션 역시 옛 스타일에서 영향을 받을 수 있어요. 화려했던 1970년대에는 굽이 두꺼운 플랫폼 신발이 유행이었는데, 사실은 르네상스 시대에 발명된 초핀이라는 신발이 되살아난 것이었어요.

나무로 만든 이 신은 처음에는 진흙탕이 된 길에서 여성의 치맛자락을 높여 주는 실용적인 방안으로서 만들어졌지만, 이내 굽 높이가 터무니없이 높아졌어요. 높이가 50센티미터나 되는 것도 있어서 길거리를 기우뚱기우뚱 걸어가려면 하인의 도움을 받아야 했답니다.

신고전(1730-1920년대)
그리스·로마 양식의 기둥과 아치, 대칭으로 되돌아감

모더니즘(1900-현재)
상자 또는 추상적 형태, 콘크리트 벽과 대형 유리창

포스트모더니즘(1970년대-현재)
장난스러운 형태, 플라스틱 같은 신소재 사용

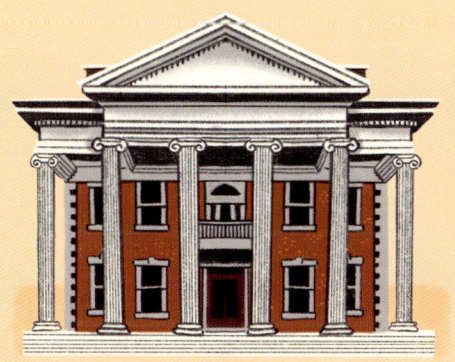

1800년대 초
고대 그리스의 영향을 받아 길게 늘어진 단순한 드레스

1850년대
부유층 남성의 긴 재킷과 실크 모자

1850년대
거대한 페티코트 치마

1920년대
날씬하고 단순한 드레스

1930년대
정장, 넥타이, 중절모

1970년대
나팔바지와 색상이 화려한 셔츠

1980년대
레깅스와 발 토시

일생의 시간

긴장을 풀고 가만히 있어도 우리 몸 안팎에서는 놀라울 정도로 많은 일이 벌어지고 있어요. 사람은 모두 다르지만, 여기서 평균을 살펴보면 우리가 살아 있는 매초, 매분, 매시간, 매일, 매월 어떤 엄청난 작용이 일어나는지 알 수 있어요.

1초 동안에는

우리의 놀라운 몸은 약 380만 개의 세포를 만들어요. 그 대부분은 혈액 또는 장 세포예요.

음식이 위를 향해 식도를 따라 2~3센티미터 이동해요.

뉴런이라 불리는 뇌세포 1개가 다른 뉴런에게 최고 1천 번까지 신호를 보내요. 우리 뇌에는 뉴런이 수백만 개가 있어서 활발하게 활동이 일어난답니다.

1분 동안에는

우리가 숨을 16번 쉬어요. 매번 5~7리터의 공기를 허파로 빨아들여요.

우리 눈이 막대한 양의 시각 정보를 모아 시신경을 통해 뇌로 보내요. 우리 뇌는 1분 동안 약 6억 조각의 시각 정보를 처리해요.

우리 뇌가 이 모든 정보를 받아들이는 동안 우리 피부의 바깥층이 떨어져 나와요. 1분 동안 적어도 3만 개의 피부 세포가 떨어져 나와요.

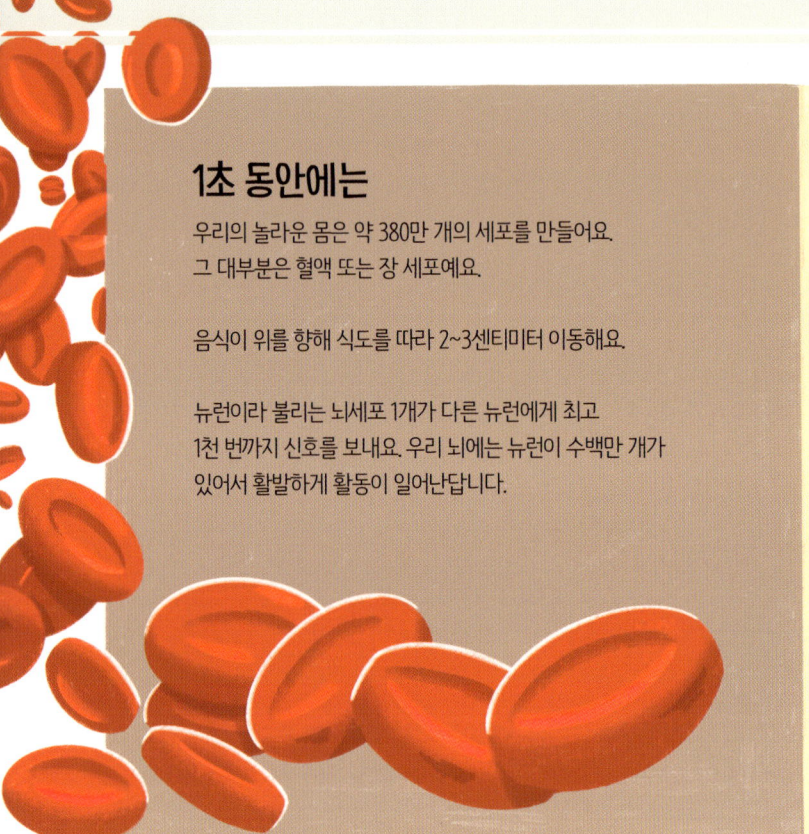
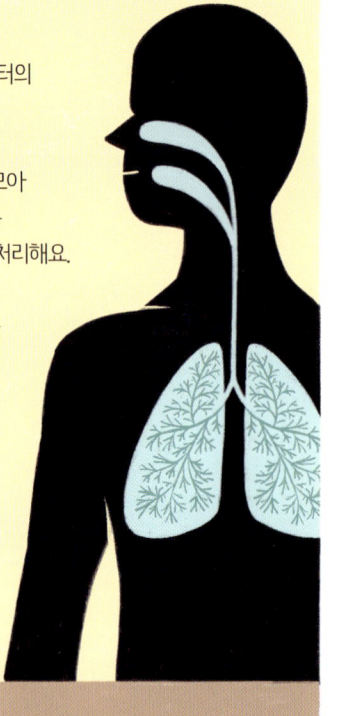

1시간 동안에는

우리 눈이 무려 800~1,200번 깜박여요. 다행하게도 저 작은 눈꺼풀 근육은 그 일을 충분히 해낼 힘이 있어요.

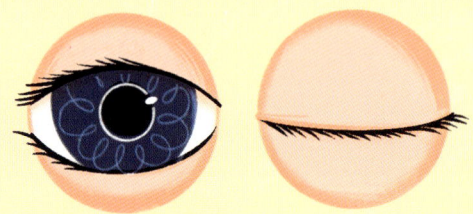

심장의 펌프 작용을 통해 피가 우리 몸 안을 따라 790킬로미터 이동해요.

우리는 적어도 50가지 생각을 해요.

1일 동안에는

우리 심장이 평균 10만 번 정도 박동해요. 활동적으로 움직인다면 그보다 더 많이 뛰어요. 한번 박동할 때마다 70밀리리터 정도의 피를 펌프질해요.

우리의 침샘이 1~2리터의 침을 만들어 내요. 그 덕분에 우리는 입 속에서 음식을 잘게 부수어 삼킬 수 있답니다.

우리 몸에서는 하루 동안 0.8에서 2리터의 소변이 만들어져요. 화장실에 갈 때까지 방광이라는 신축성이 있는 주머니에 보관되어요.

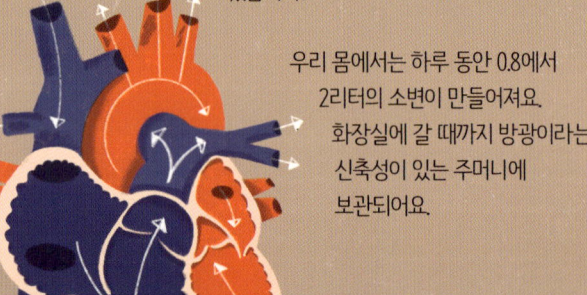

한 달 동안에는

일반적으로 부러진 뼈가 반쯤 또는 3분의 2쯤 치유되어요. 부러진 뼈가 치유되는 속도는 어른보다 어린이 쪽이 빨라요.

우리 손톱이 3.5밀리미터 정도 자라요. 발톱은 그보다 느려서 그 절반 정도 자라요.

우리 머리카락이 0.5 내지 1.7센티미터 자라요. 일반적으로 우리 머리에는 머리카락이 10만 개 이상 있어요.

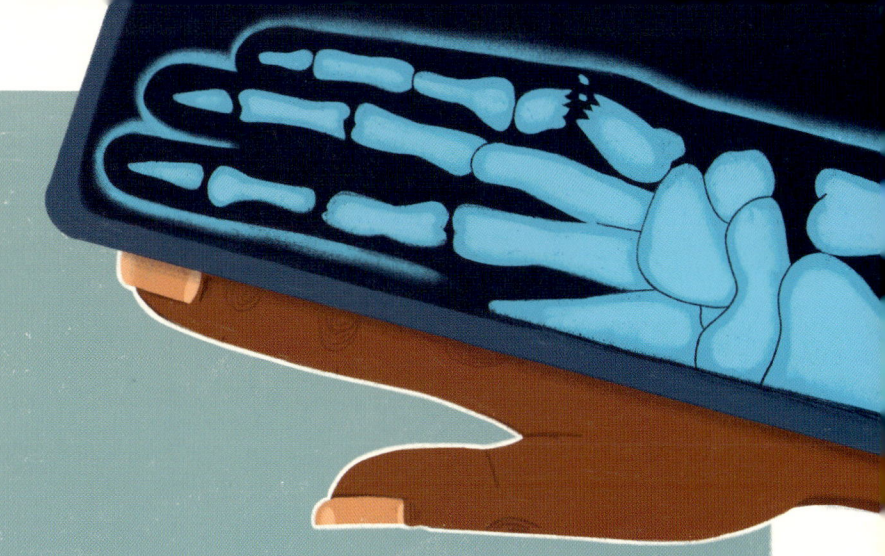

일생 동안에는

만일 삶이 오늘날처럼 지속된다면, 79세가 되는 보통 사람은 그에 해당하는 28,854일(윤년 19년 포함) 동안 무엇을 할까요?

놀랍게도 26년 동안 잠들어 있고, 최고 33년 동안 쉬거나 잠이 들거나 깨려고 애쓰면서 침대에 누워 지내요.

텔레비전이나 스마트폰, 태블릿 앞에서 11년을 보내면서 방송 프로그램을 보거나 웹 또는 소셜 미디어를 이용해요.

음식을 먹는 데 4.5년 정도를 보내고, 줄을 서느라 적어도 50일을 보내며, 일생의 2년 이상을 화장실에서 보낸답니다.

생체 시계

우리는 어디를 가든 시계를 가지고 다닌다는 걸 알고 있나요? 시계는 우리 안에 있는데, 먹고 잠을 자는 등 우리 몸의 여러 활동을 조절하는 세포와 그 밖의 물질로 이루어져 있어요.

하루의 시간표

일반적인 어른의 생체 시계예요. 그렇지만 사람마다 시계가 조금씩 다르기 때문에 시간이 다를 수 있어요.

활동일 주기

우리 몸은 약 24시간에 해당하는 여러 가지 주기 또는 방식에 따라 작동하는데 이것을 '활동일 주기'라고 해요. 이것은 우리가 피곤하거나 활력이 넘치거나 배가 고프거나 정신이 맑아지거나 잠을 푹 자야겠다는 느낌이 드는 이유 중 하나예요. 대변을 보러 화장실에 가고 싶어지는 것조차 이런 식으로 조절되어요.

21 오후 9시 멜라토닌 분비

18 오후 6시 혈액 온도가 가장 높은 때

오후 5시 근육이 가장 강한 때

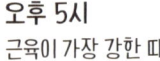

시계가 많아요

우리 몸의 기관이나 조직에는 대부분 시계나 타이머 역할을 하도록 돕는 기능이 들어 있는 세포가 포함되어 있어요. 우리 뇌에는 세포 2만 개 정도가 모여 이루어진 '시교차 상핵'이라는 것이 있어서, 다른 모든 시계의 시간을 맞추는 우두머리 시계 역할을 해요. 시교차 상핵은 호르몬이라는 화학 물질을 통해 시간을 조절해요. 밤이 되어 빛이 줄어들면 시교차 상핵은 몸속에서 '멜라토닌'이라는 호르몬이 분비되게 하는데, 이 호르몬은 졸음이 오게 만들어요. 또 아침이 되면 멜라토닌 수치를 줄여요. 그래서 이론적으로는 우리가 말짱하게 깨어 있게 되는 거예요!

종다리와 올빼미

사람은 생체 시계가 저마다 달라요. 어떤 사람은 '종다리 같은 아침형'이어서, 생체 시계가 일찍 일어나고 일찍 잠자리에 들게 만들어요. 또 어떤 사람은 그 반대로 '올빼미 같은 저녁형'이에요. 사람의 시계는 또 일생을 살아가면서도 변화해요. 아기의 시계는 매일 14~20시간을 자게 만들고, 십대의 시계는 일반적인 어른보다 1시간 늦도록 맞춰져 더 늦게까지 깨어 있다가 늦게 잠자리에 들고 싶게 만들 수도 있어요.

15 오후 3시 신체 반응이 가장 빠른 때

동물은 시간을 알 수 있을까요?

개는 현재 시간이 오전 11시 15분인지 알지 못하고, 고양이는 오늘이 화요일인지 우리가 학교에 지각인지 알지 못해요. 그렇지만 과학자는 많은 동물이 시간을 알고 잴 수 있다고 생각해요. 일부는 우리와는 매우 다른 방식으로요.

시간을 아는 쥐

동물은 짧은 시간이 지나가는 것을 판단할 수 있어요. 2018년 어느 연구에서 연구자는 쥐를 훈련시켜, 6초 동안 기다렸다가 작은 문이 열리면 맛있는 간식을 향해 나아가게 했어요. 나중에 그 문을 없앴는데, 그래도 쥐들은 여전히 정확하게 6초 동안 기다렸다가 달려 나갔어요. 이 연구는 쥐들의 뇌 속에 있는 기억과 연결된 부분이 정해진 길이의 시간을 판단할 수 있다는 것을 보여 주고 있어요.

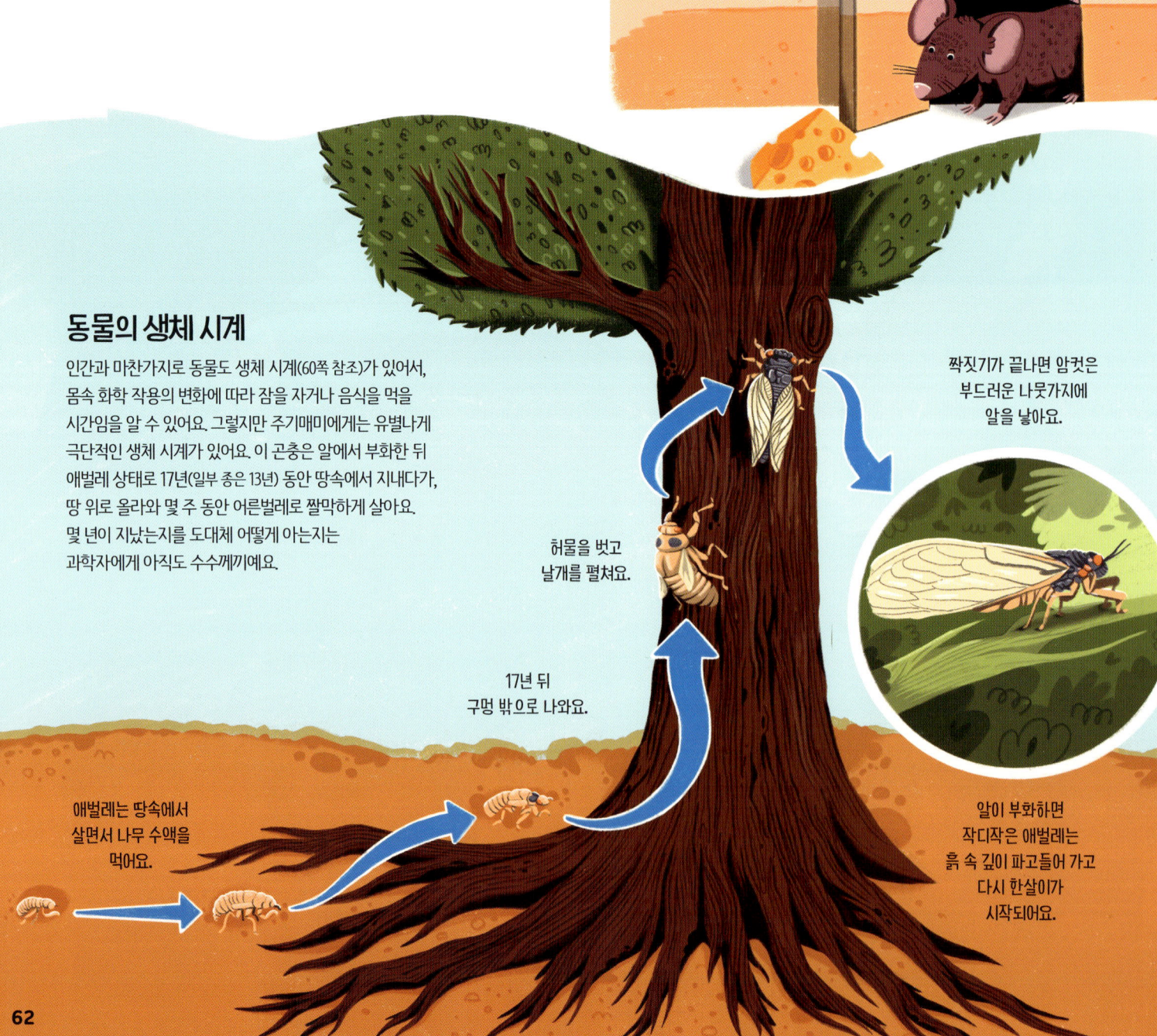

동물의 생체 시계

인간과 마찬가지로 동물도 생체 시계(60쪽 참조)가 있어서, 몸속 화학 작용의 변화에 따라 잠을 자거나 음식을 먹을 시간임을 알 수 있어요. 그렇지만 주기매미에게는 유별나게 극단적인 생체 시계가 있어요. 이 곤충은 알에서 부화한 뒤 애벌레 상태로 17년(일부 종은 13년) 동안 땅속에서 지내다가, 땅 위로 올라와 몇 주 동안 어른벌레로 짧막하게 살아요. 몇 년이 지났는지를 도대체 어떻게 아는지는 과학자에게 아직도 수수께끼예요.

허물을 벗고 날개를 펼쳐요.

17년 뒤 구멍 밖으로 나와요.

애벌레는 땅속에서 살면서 나무 수액을 먹어요.

짝짓기가 끝나면 암컷은 부드러운 나뭇가지에 알을 낳아요.

알이 부화하면 작디작은 애벌레는 흙 속 깊이 파고들어 가고 다시 한살이가 시작되어요.

빠른 시간, 느린 시간

작은 동물은 우리보다 더 작은 단위의 시간을 경험하면서 매우 빠르게 움직이고 행동하고 생각하는 경향이 있어요. 그래서 시간이 느려지는 효과가 생겨나요. 파리채로 파리를 잡기가 그렇게나 어려운 것은 파리의 눈이 시각 정보를 뇌로 보내는 속도 때문이에요. 파리는 매초 우리보다 훨씬 많은 동작 프레임을 보아요(우리는 60프레임 정도이지만 파리는 250프레임 정도나 되어요). 그 결과 우리에 비해 파리에게는 사물이 훨씬 느린 동작으로 보이는 거예요. 그 덕분에 파리는 재빠르게 반응하여 위험으로부터 멀리 부웅 날아갈 수 있어요.

잠자리는 초당 300개의 동작 프레임을 볼 수 있어요. 파리보다도 더 많은 거예요! 이것은 잠자리가 자연계의 가장 위협적인 사냥꾼이 되는 데 도움이 되었어요. 잠자리는 목표로 삼은 사냥감의 95%를 성공적으로 사냥한답니다.

시간과 조류

점박이바닷니는 바다의 조류를 이용하여 시간을 알아요. 언제 모래 속 깊이 파고들어 가야 파도에 쓸려 나가지 않는지 그리고 모래 위로 올라와 먹이를 찾기에 안전한 때가 언제인지 알아요.

굴은 달의 위상(때에 따라 달라 보이는 달의 모습)에 따라 껍질을 벌리고 닫아요. 과학자는 이것이 굴이 먹는 플랑크톤의 움직임과 일치할지도 모른다고 생각해요.

시간 변신

황새치는 시간을 인식하는 속도를 바꿀 수 있어요. 보통 때 황새치가 보는 초당 동작 프레임은 우리 인간보다 훨씬 적어서(5분의 1 정도) 시간이 빠르게 지나가는 것 같아요. 그렇지만 사냥에 나서기 전에는 눈에 있는 특수한 근육에 피를 더 많이 펌프질해 보내는데, 그러면 눈 온도가 10~15°C 정도 더 높아져요. 눈이 더 따뜻하다는 것은 황새치의 눈이 뇌에 신호를 훨씬 더 빨리 보낸다는 뜻이에요.
그러면 시간이 느려진 것처럼 보이므로 황새치는 먹이가 되는 동물의 재빠른 움직임을 알아차릴 수 있답니다.

지각이야!

우리는 누구나 지각을 해 보았거나 다른 사람이 지각을 해서 곤란을 겪은 적이 있어요. 최초의 미국 대통령 조지 워싱턴은 시간을 철저히 지키는 사람이었어요. 그는 정해진 일정대로 화요일마다 오후 4시 정각에 공식 만찬을 시작했어요. 손님들이 도착했거나 말거나 상관없이요!

당신은 시간을 잘 지키는 성격인가요?

조지 워싱턴과는 달리 어떤 사람은 언제나 지각을 해요. 심리학자는 이런 사람들을 다음처럼 몇 가지 성격 유형으로 분류했어요.

완벽주의자
겉모양을 포함한 모든 것이 완벽할 때까지 뭔가를 끝내지도 않고 떠나지도 않아요.

위기를 즐기는 사람
시간에 쫓기는 급하고 극적인 상황을 좋아해요. 시간 압박이 있을 때 생산성이 더 높아진다고 느끼는 때가 많아요.

반항아
학교나 가족 모임 등 뭔가에 반항하기 위해 일부러 지각을 해요.

몽상가
환상 세계에서 살면서, 어떤 일에 시간이 얼마나 걸리는지를 실제보다 짧게 잡아요. 쉽게 주의가 산만해져요.

지각자 처벌

기업체는 작업이 늦어지고 회의가 취소되고 계약이 깨지는 등 지각 때문에 매년 수십억 원씩 손실을 입기도 해요. 어떤 기업체는 일상적으로 지각하는 노동자에게 벌금을 매겨요. 1938년 소비에트 연방에서는 20분 넘게 지각하는 노동자는 누구든 직장뿐 아니라 정부에서 제공하는 집까지 잃었답니다. 가혹하죠!

지각과 황제의 운명

중국 진나라에서는 관리가 지각하면 사형을 선고하고 처형했는데, 이 극단적인 처벌 방식이 기원전 209년 역효과를 낳았어요. 진승과 오광이라는 장수가 병사 900명을 이끌고 어양이라는 곳을 향해 가다가 큰비 때문에 늦어졌어요. 죽게 될 것이 뻔한 데다 더 잃을 것이 없어지자 이들은 반란을 일으켰고, 이내 수만 명이 반란에 가담했어요. 이들은 패했지만, 두 사람에게서 용기를 얻은 다른 사람들 때문에 진나라는 오래지 않아 무너졌답니다.

열차 지연 증명서

열차 이용에 불편을 끼쳐드려 대단히 죄송합니다. 귀하께서 승차하신 (3호선 하행선) 열차가 (5분)간 지연되었음을 증명합니다.

열차 시간

일본에서는 사람도 열차도 시간을 지킬 것으로 기대하고, 대개는 지켜요. 열차가 5분 이상 연착하면 열차 지연 증명서라는 것을 받을 수 있어요. 자기 잘못으로 지각한 게 아니라는 증거로 학교나 직장에 제출할 수 있답니다! 우리나라에서도 비슷한 제도를 시행 중이에요.

지각 덕분에 노다지

어떤 때에는, 진짜 어떤 때에는 지각한 덕분에 운이 좋을 수도 있어요. 1862년 캐나다에서 금광 시내가 열렸을 때, 금광을 찾아 나선 윌리엄 빌리 바커는 뒤늦게 거기에 도착한 것처럼 보였어요. 좋은 자리는 대부분 이미 주인이 정해진 상태였으므로 바커는 금이 있을 것 같지 않은 어느 개울가 땅에서 채굴을 시작했는데… 금이 나왔어요! 오늘날 수백억 원 가치에 해당하는 만큼의 금을 캐냈는데, 캐나다 역사상 최고 기록 중 하나랍니다.

지각 덕분에 구사일생

1915년 유명한 미국인 작곡가 제롬 컨은 늦잠을 자서 미국 뉴욕에서 유럽을 향해 출발하는 여객선 루시타니아호를 놓치고 말았어요. 그는 운이 좋았어요. 잠수함의 어뢰 공격 때문에 배에 탄 승객과 승무원 대부분이 사망했으니까요.

기나긴 연체

도서관 사서는 연체를 싫어하지만, 1789년 뉴욕 소사이어티 도서관에서 대출되었다가 2010년에 반납된 것보다 더 오래 연체된 책은 아마 없을 거예요. 범인이 만일 지금까지 살아 있다면 엄밀히 말해 연체료가 3억 5,000만 원쯤 될 거예요. 누구였을까요?

범인은 다름 아닌 조지 워싱턴이었어요. 시간을 철저히 지킨 미국 대통령 말이에요!

기록에 남은 시간

시간은 많은 세계 기록에서 큰 역할을 해요. 진지한 것부터 우스운 것까지 온갖 종류의 시간 기록이 있지요. 그중 가장 짧거나, 빠르거나, 길거나, 느린 기록을 살펴보기로 해요.

당신은 기록을 깰 수 있나요?

친구들과 함께 누가 가장 빠른지 시간 기록에 도전해 보는 건 어떨까요? 세계 기록 보유자와 비교하면 얼마나 차이가 날까요? 스톱워치나 스마트폰의 스톱워치 앱이 필요할 거예요.

체크 메이트

체스 판 옆에 체스 말을 모아 놓은 상태에서, 말을 모두 체스 판 위 제자리에 놓기까지 시간이 얼마나 걸릴까요?

세계 기록: 30.31초
데이비드 러시(미국), 2021년

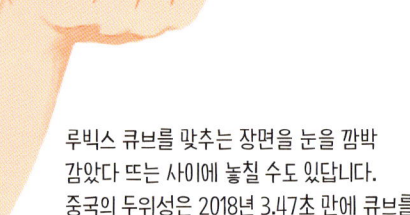

루빅스 큐브를 맞추는 장면을 눈을 깜박 감았다 뜨는 사이에 놓칠 수도 있답니다. 중국의 두위성은 2018년 3.47초 만에 큐브를 다 맞췄어요. 로봇으로 맞춘 기록은 그보다 더 빨라요. 0.38초거든요!

정렬 완료!

다른 사람에게 플레잉 카드 한 벌을 섞어 달라고 하세요. 모든 카드를 에이스에서부터 킹까지 각기 짝을 맞춰 정렬하는 데에는 얼마나 걸릴까요?

세계 기록: 35.20초
이림카이(말레이시아), 2022년

2009년, 미국의 데이비드 슬릭은 12시간 5분 동안 공 3개를 가지고 저글링을 하면서 한 번도 공을 떨어뜨리지 않았어요. 축구 경기를 8번이나 할 수 있을 만큼의 시간 동안 말이에요.

아일랜드의 이반 스콧은 다 자란 양 1마리의 털을 37.9초 만에 완전히 깎아 냈어요. 어떤 때에는 양모 스웨터를 입는 데 이보다 더 오래 걸릴 수도 있어요!

헤딩만으로
머리만 사용하여 풍선 2개를 공중에 띄운 채 얼마나 오랫동안 유지할 수 있을까요?

세계 기록: 6분 43.7초
딜런 디머스(미국), 2021년

휴지 탑
두루마리 휴지 10롤을 한 손만 사용하여 얼마나 빨리 쌓을 수 있을까요?

세계 기록: 5.45초
실비오 사바(이탈리아), 2019년

어떤 불쌍한 사람은 기록을 세울 생각도 없었어요. 림푼은 제2차 세계대전 동안 승무원으로 어느 상선에 올랐어요. 그가 탄 배가 대서양에서 가라앉았을 때 그는 2.4미터 길이의 뗏목을 타고 바다에서 133일을 견디면서 세계 기록을 세운 끝에 구조되었어요. 림푼은 빗물을 마시고 물고기를 잡아먹으며 살아남았답니다.

오늘날 올림픽 레슬링 경기에서 한 세트는 3분씩이에요. 그러나 과거에는 승자가 나올 때까지 계속했어요. 1912년 올림픽 때에는 러시아 선수 마르틴 클라인이 핀란드의 알프레드 아시카이넨과 11시간 40분 동안 막상막하로 싸운 끝에 이겼어요. 애석하게도 너무 지친 나머지 금메달이 걸린 다음 경기에 나가지를 못했어요.

2019년 우즈베키스탄의 볼타보예프 샤로피딘은 선수권 유도 경기에서 가장 빠르게 승부를 냈어요. 타슈켄트 그랑프리 대회에서 단 2.88초 만에 상대방을 내던짐으로써 승리를 차지했답니다.

루이 14세

엘리자베스 여왕

2022년 엘리자베스 2세 여왕은 영국 국왕 자리에 오른 지 70주년을 맞이했어요. 이로써 여왕은 루이 14세가 프랑스를 72년 110일 동안 다스린 뒤로 사상 두 번째로 오래 나라를 다스린 기록을 세웠어요.

또 다른 프랑스 왕 루이 19세는 단 20분 동안 왕위에 있었다가 물러남으로써 가장 짧게 다스린 기록을 세웠답니다!

루이 19세

멕시코의 과달라하라에 있는 '카르네 가리발디' 식당은 패스트푸드를 정말로 빠르게 내놓아요. 기네스 세계 기록에서 쟀을 때 단 13.5초 만에 식사를 내놓았거든요. 그와는 달리 이탈리아 롬바르디에서 나는 비토 스토리코 치즈는 종종 18년 동안 숙성 과정을 거친 다음에야 판매해요. 배가 고플 때 기다리기에는 너무 긴 시간이죠!

시간 절약

어떤 사람은 시간이 없다고 불평하느라 시간을 많이 보내요. 그럴지만 오늘날 부유한 나라에서 살고 있는 사람이라면 시간을 절약하도록 설계된 수많은 기계에 에워싸여 있답니다.

여행 시간

수천 년이 지나도록 가장 빠른 여행 방법은 말을 타거나 말이 끄는 마차를 타는 것이었어요. 1820년 증기 기관차가 개발되면서 상황이 극적으로 빨라졌어요. 그로부터 20년이나 30년이 지나지 않아 기차는 시속 100킬로미터 속도로 달리고 있었어요. 오늘날 고속 전기 열차는 말을 타고 하루 종일 달려야 하는 거리의 네다섯 배를 1시간도 걸리지 않아 달릴 수 있어요.

1900년대 이전: 역마차는 평균 시속 10~20킬로미터로 달리지만 장거리일 때에는 말을 바꿔 주어야 해요.

1829년: 스티븐슨의 로켓 기관차가 시속 46킬로미터에 도달해요.

1840년대: 증기선이 대서양을 15~17일 만에 건너기 시작해요.

1886년: 카를 벤츠의 '모토바겐'이 휘발유 자동차 시대를 열어요.

1900년: 강력한 대형 여객선이 대서양을 6~8일 만에 건너요.

생산 라인의 시간

과거에는 대체로 물건을 만들 때 한 명 또는 여러 명이 처음부터 끝까지 모든 단계의 작업을 맡아 수작업으로 천천히 힘들여 물건을 만들었어요. 초기 자동차는 그런 식으로 며칠씩 걸려서 완성했어요. 1902년 랜섬 올즈가 자동차 조립 라인을 통해 이를 바꿔 놓았어요. 조립 라인에서는 한 노동자가 생산 단계의 한 부분만 맡아 같은 작업을 계속 반복해요. 헨리 포드는 올즈의 발상을 한 걸음 더 발전시켰어요.

노동자가 한자리에서 일하는 동안, 움직이는 컨베이어 벨트를 이용하여 부품과 자동차가 노동자를 찾아가도록 한 거예요. 포드의 모델 T 자동차를 조립하는 데에는 원래 12~15시간이 걸렸으나, 새로운 방식을 도입하자 1시간 33분으로 줄었어요! 모델 T는 1,500만 대 이상 생산되었답니다.

오늘날 대부분의 제품은 조립 라인에서 대량 생산되어요. 시간을 더욱 절약하기 위해 로봇을 쓰는 때도 많아요.

가정의 시간 절약

20세기에는 가정에 전기가 들어왔고, 그와 아울러 시간을 절약하는 가전제품이 많이 생겨났어요. 1900년에 평균적인 미국인 가정에서는 집안일을 하는 데에 매주 58시간을 썼어요. 2019년에는 그 시간이 12시간 미만으로 줄어들었어요.

자동 세탁기가 만들어지기 전에는 빨래를 하는 데 하루 종일이 걸리는 때가 많았고 손으로 천을 직접 비벼 빨았어요.

범선을 타고 유럽에서 아메리카로 대서양을 건너는 데에는 6주 이상이 걸렸어요. 증기선은 그 기간을 처음에는 15일로, 나중에는 4~5일로 줄였어요. 오늘날에는 비행기로 7~10시간이면 건널 수 있어요.

1914년: 베노이스트 14 수상 비행기(최고 시속 103킬로미터)로 최초의 정기 비행이 시작되어요.

1950년대: 하이드로포일 선박이 널리 쓰이기 시작해요.

2008년: 테슬라 최초의 순수 전기차가 한번 충전으로 390킬로미터를 달려요.

2022년: 보잉 777-200ER은 재급유 없이 최고 13,000킬로미터를 시속 900~950킬로미터 속도로 비행할 수 있어요.

1964년: 일본에서 신칸센이 최고 시속 210킬로미터로 최초의 고속열차가 되어요(지금은 최고 시속 320킬로미터).

1920년: 오토바이가 빠르게 개발되어, 1929년에 이르러 최고 시속이 130킬로미터를 넘겨요.

미래로

미래에는 어떤 식으로 시간이 크게 절약될까요? 진정한 무인 자동차가 도입되면 이동하는 동안 사람들이 다른 일을 할 수 있게 될까요? 여러분은 다른 어떤 일이 일어날 거라고 생각하나요? 그렇게 시간이 남으면 무엇을 하고 싶은가요?

냉장·냉동고는 음식을 훨씬 더 오래 보존하기 때문에 날마다 신선한 식품을 사러 갈 필요가 줄어들었어요.

전자레인지는 몇 분 만에 음식을 조리할 수 있어요.

대부분의 바닥은 로봇 진공청소기로 청소할 수 있어요.

슈퍼컴퓨터

웹페이지가 금방금방 뜨지 않아 불평할지도 모르지만, 컴퓨터는 믿을 수 없을 정도로 수학 계산과 자료 처리 속도를 높여 주었어요. 1946년에 만들어진 에니악은 최초의 컴퓨터 중 하나로서, 커다란 방 하나를 가득 채우는 크기였어요. 포탄이 날아가는 궤도를 계산했는데, 사람 손으로는 12시간이 걸렸지만 에니악으로는 30초밖에 걸리지 않았어요.

에니악 시대 이후 컴퓨터는 작아지고 속도가 빨라졌어요. 1997년에 이르렀을 때 에니악의 모든 능력이 우리 손톱만 한 마이크로 칩 1개 안에 들어갔어요! 여러분의 스마트폰이 최신 모델이 아니라 해도 초기 컴퓨터보다 훨씬 빨라요. 1960년대에 전 세계 컴퓨터를 다 동원하여 몇 달씩 걸리던 작업을 슈퍼컴퓨터 1대만으로도 1초면 해낼 수 있답니다.

인간은 1초에 1개의 명령만 처리할 수 있지만, 에니악은 1초에 5,000개의 명령을 처리할 수 있었어요.

… 그리고 스마트폰은 15조 개 이상을 처리할 수 있어요!

시간 낭비

우리 모두는 때때로 시간을 낭비해요. 뭔가 다른 유용한 일을 할 수 있을 거라 생각하면서 말이죠. 그렇지만 뒤로 미루기는 메이저 리그급 시간 낭비예요. 지금 하고 있어야 하는 일인데도 뒤로 미루는 거죠.

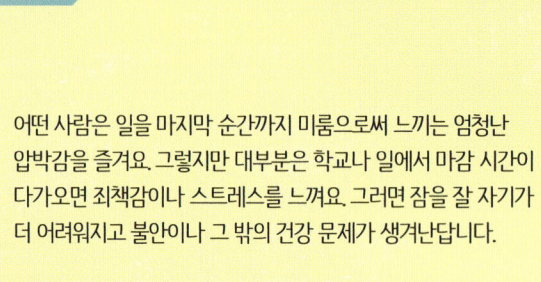

시간의 공포

소셜 미디어에서부터 게임을 하거나 텔레비전을 보는 등, 하고 싶지 않은 일을 뒤로 미루는 멋진 방법은 너무나 많아요. 실패에 대한 두려움에서부터 더 재미난 일 때문에 주의가 산만해지는 것에 이르기까지, 사람들은 할 일을 저마다 각자의 이유로 뒤로 미루어요.

어떤 사람은 일을 마지막 순간까지 미룸으로써 느끼는 엄청난 압박감을 즐겨요. 그렇지만 대부분은 학교나 일에서 마감 시간이 다가오면 죄책감이나 스트레스를 느껴요. 그러면 잠을 잘 자기가 더 어려워지고 불안이나 그 밖의 건강 문제가 생겨난답니다.

기발한 해결 방법

특히 작가는 미루는 습관이 문제라고 생각하는 것 같아요. 미국 작가 마야 앤절로는 주의가 산만해지는 일을 피하기 위해 벽에 아무것도 없는 한산하고 작은 호텔 방을 빌리곤 했어요. 그렇지만 그건 미국 작가 허먼 멜빌에 비하면 아무것도 아니에요. 멜빌은 고래를 다룬 대서사 소설 《모비 딕》을 완성하려고 눈물겨운 노력을 기울였어요. 돌아다니지 못하도록 아내에게 자신을 책상에 묶어 두게 했으니까요! 프랑스 작가 빅토르 위고가 《노트르담의 꼽추》를 쓰는 데 어려움을 겪을 때 동원한 방법은 옷을 벗는 것이었어요. 하루가 끝날 때 하인이 옷을 돌려주게 한 거예요!

마야 앤절로

허먼 멜빌

빅토르 위고

지각한 최후의 만찬

다리와 낙하산, 헬리콥터를 설계하고 세계에서 가장 유명한 그림인 〈모나리자〉를 그린 사람이 시간을 낭비하는 사람이었다면 믿을 수 있겠어요? 그렇지만 그건 사실이에요. 이탈리아 미술가이자 과학자였던 레오나르도 다 빈치는 끊임없이 새로운 생각에 정신이 팔리고 계속해서 공책에 낙서하곤 했어요. 〈모나리자〉는 53×77센티미터밖에 되지 않는 작은 그림이지만, 다 빈치는 이 그림을 완성하는 데 16년이 걸렸어요. 45년 동안 활동하면서 그가 남긴 미술품은 20점이 되지 않아요. 그중 하나인 〈최후의 만찬〉은 오랫동안 질질 끌고 있다가, 밀라노 공작이 돈을 지불하지 않겠다고 으름장을 놓은 다음에야 완성되었답니다!

텅 빈 설계도

1934년 미국 건축가 프랭크 로이드 라이트는 주택을 설계하기로 합의했어요. 그 뒤 1년 내내 일을 뒤로 미룬 끝에 어느 날 건축주가 전화를 걸어 그날 찾아가겠다고 했어요. 이야기에 따르면 단 2시간 만에 라이트와 조수들이 '낙수장'의 설계를 마쳤다고 해요. 폭포 위에 지은 이 주택은 미국의 상징이 되었답니다. 휴, 아슬아슬!

빛날 시간

잠을 푹 자고 잘 먹고 이런저런 일을 하고 난 다음에도 놀 수 있는 소중한 시간이 매일 몇 시간이나 있어요. 그 시간에 할 수 있는 일을 과소평가해서는 안 돼요. 파블로 피카소는 하루에 그림을 3장 그릴 수 있었고, 모차르트는 교향곡 1편을 작곡하는 데 4일밖에 필요하지 않았어요. 또 아델은 히트곡인 〈스카이폴〉을 녹음하는 데 10분밖에 걸리지 않았어요.

여러분은 다음 세대의 피카소나 모차르트나 아델이 아닐 수도 있고 게으름과는 이제 완전히 작별하고 싶을 수도 있지만, 시간은 조금 더 현명하게 쓸 수 있어요. 미루는 습관을 줄이고 더 많이 행동하기 위한 요령 몇 가지를 소개할게요.

- 할 일을 쉽게 해낼 수 있는 작은 조각으로 나눈다.
- 스마트폰처럼 방해가 되는 것을 한동안 손이 닿지 않는 곳에 둔다.
- 너무 멀리 생각하지 않는다. 할 일 중 지금 하는 부분에 집중한다.
- 일을 마무리 짓고 나면 자신에게 상을 준다.

파블로 피카소

시간이 얼마나 걸릴까요?

1위 히트곡 하나를 듣는 데 걸리는 시간이면 세계에서 가장 짧은 민간 항공사 정기 여객 항로를 주파할 수 있어요. 스코틀랜드의 웨스트레이섬과 파파웨스트레이섬 사이는 90초면 갈 수 있답니다. 그 밖에도 놀라운 시간 기록 몇 가지를 살펴보아요.

최초의 동력 항공기인 라이트 플라이어는 공중에 12초밖에 떠 있지 않았어요. 그런데도 1926년 로버트 고더드가 액체 연료를 사용한 로켓으로 비행한 시간(2.5초)보다 4배 이상 더 길고, 탑 퓨얼 드래그 레이싱(4초)보다 3배 길어요.

존 이스너와 니콜라 마위가 세계에서 가장 오래 걸린 프로 테니스 경기(11시간 5분)를 하는 동안, 락파 게루 셰르파는 에베레스트산을 오르고도 8분이 남았어요. 그가 2003년 세운 이 기록은 아직 깨지지 않았답니다.

세계 최초로 성공한 세계 일주 항해는 1519년 페르디난드 마젤란이 탐험 대장을 맡아 출발한 것으로, 총 1,082일이 걸렸어요. 같은 길이의 시간에 최초의 우주 비행사인 유리 가가린은 보스토크 1호 우주선을 타고 지구를 14,426바퀴 돌았어요. 가가린이 지구 궤도를 한 바퀴 도는 데 걸린 시간은 1시간 48분이었어요.

가장 긴 세계 체스 선수권 대회(1984~1985년 카르포프-카스파로프 대국)는 159일이 걸렸어요. 스웨덴의 마르쿠스 페르손이 저 유명한 컴퓨터 게임인 마인크래프트의 최초 버전을 만드는 데 걸린 시간보다 26.5배나 길어요.

놀라우리만치 짧은 시간에 중대한 사건이 벌어지기도 해요. 1906년 일어난 샌프란시스코 지진은 60초도 채 지나지 않아 시내의 500개 구역을 무너뜨렸고 도시 주민 절반이 집을 잃었어요. 일반적으로 치타는 그 절반에 해당하는 시간에 이미 정지 상태에서 시속 80킬로미터까지 가속하여 사냥감을 쫓은 다음 속도를 줄이고 있어요. 치타는 20~30초 이상 최고 속도로 질주하는 일이 거의 없어요.

1969년 초연된 사뮈엘 베케트의 《숨》은 세계에서 가장 짧은 연극이에요. 30초밖에 걸리지 않으니까요. 그러나 이 시간이면 세계에서 가장 오래된 영화를 14번 볼 수 있어요. 1888년 프랑스 발명가 루이 르 프랭스가 만든 이 영화는 《라운드헤이 가든 씬》이라 불리는데, 길이가 2.11초밖에 되지 않아요.

우리 머리카락이 약 2.5센티미터 자라는 시간인 2달 동안 대왕고래 새끼는 몸무게를 최고 5,400킬로그램 늘릴 수 있어요. 몬스터 트럭도 그보다 가벼워요.

미국 뉴욕의 고층건물로 유명한 엠파이어스테이트 빌딩은 단 1년 45일 만에 완공되었어요. 어떤 때에는 한 주 동안 5층을 올리기도 했어요! 이에 비해 이탈리아 피사의 사탑은 197년 동안 완공되지 않았어요. 전쟁 때문에 지지부진하더니, 탑이 위험할 정도로 기울어지기 시작하자 머리를 긁적이느라 건축이 중단되었기 때문이에요.

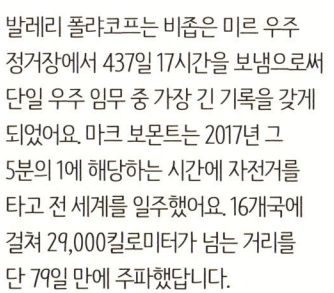

발레리 폴랴코프는 비좁은 미르 우주 정거장에서 437일 17시간을 보냄으로써 단일 우주 임무 중 가장 긴 기록을 갖게 되었어요. 마크 보몬트는 2017년 그 5분의 1에 해당하는 시간에 자전거를 타고 전 세계를 일주했어요. 16개국에 걸쳐 29,000킬로미터가 넘는 거리를 단 79일 만에 주파했답니다.

평생 한 번

해가 뜨고 지는 것은 자연계에서 일상적으로 일어나는 유일한 현상이 아니에요. 어떤 자연 현상은 하루에도 몇 번씩 일어나고 또 어떤 현상은 평생 한 번밖에 볼 수 없을 정도로 드물어요.

몇 분에 한 번

맑은 날 밤이면 10~15분마다 한 번씩 별똥별이 하늘을 지나가는 것을 볼 수 있어요. 이것은 유성이에요. 작디작은 우주 암석이나 금속, 먼지가 지구 대기에 들어오면서 타는 것이랍니다.

많은 간헐천은 규칙적인 방식으로 분출하면서 뜨거운 물과 증기를 하늘 높이 쏘아 올려요. 미국의 올드페이스풀 간헐천은 35~120분마다 어김없이 분출한답니다.

하루 한 번

박쥐 중에는 낮 동안에는 동굴이나 나무에 자리 잡고 쉬다가 해 질 녘에 밤 사냥을 시작하는 종이 많아요. 그 극단적 모습은 미국 브래컨 동굴에서 볼 수 있어요. 1,500만 마리 정도의 브라질큰귀박쥐가 이 동굴에서 여름을 나는데, 저녁마다 동굴에서 녀석들이 날아 나오면서 하늘을 까맣게 뒤덮거든요.

6달에 한 번

조석 해일은 강에서 바다로 흘러 들어가는 물이 방향을 바꾸어 강을 따라 거꾸로 밀려 올라가는 현상이에요. 아마존강에서 일어나는 포로로카 조석 해일은 춘분(3월), 추분(9월)에 가장 강해져요. 높이가 4미터에 이르는 강력한 파도가 바다로부터 800킬로미터까지 강을 거슬러 올라가요. 서퍼들이 파도도 탈 수 있답니다!

1년에 한 번

해마다 한 번씩 다른 곳에 가서 번식하고, 혹독한 겨울을 피하고, 먹이가 있는 새로운 곳을 찾아 이주하는 동물이 많이 있어요. 인도양에 있는 크리스마스섬에서는 해마다 홍게 수백만 마리가 번식을 위해 숲에서 나와 해변으로 이주하는데, 얼마나 많은지 땅바닥이 빨갛게 보일 정도예요.

몇 년에 한 번

인도네시아의 시체꽃은 일반적으로 7~10년에 한 번씩 꽃을 피워요. 그리고 딱 24~36시간만 피어 있으면서 고기 썩는 냄새 같은 강력한 악취를 풍겨요. 그 때문에 시체꽃이라 불린답니다.

45-50년에 한 번

인도 북부 지방에서 볼 수 있는 멜로칸나 박키페라(Melocanna baccifera)라는 대나무는 45~50년에 한 번만 꽃을 피워요. 꽃이 지면서 씨앗이 어마어마하게 많이 맺히고, 그 씨앗을 먹은 검은쥐 떼가 빠른 속도로 번식해요. 쥐 개체 수가 이처럼 갑자기 불어나면서 그 지역에 '마우탐'이라는 기근이 일어나요. 쥐 떼가 씨앗을 다 먹고 나면 농작물을 먹어 치우기 때문이에요. 다음 마우탐은 2050년대 중반에 일어날 가능성이 높아요.

105년 또는 121년에 한 번

행성 같은 천체가 태양 같은 더 큰 천체 앞을 지나는 현상을 '통과'라고 해요. 금성의 태양면 통과는 8년 간격으로 2번 일어나고, 그러고 나면 다시 105년이나 121년이 지나야 다시 일어나요. 지난번 통과는 2012년에 있었고, 다음 통과는 2117년으로 예상되어요.

75-76년에 한 번

핼리 혜성은 태양 궤도를 도는 얼음과 암석 덩어리인데, 지구 가까이를 지나가기 때문에 평생 딱 한 번 맨눈으로 볼 수 있어요. 이 혜성은 1986년에 나타났고 2061년에 다시 나타날 것으로 예상되어요. 다른 혜성들은 주기가 그보다 더 짧거나 아주 길어요. 엥케 혜성은 3.3년밖에 되지 않는 반면, 1997년에 지나간 헤일-밥 혜성은 2,533~2,534년이 지나야 다시 돌아온답니다.

우리 마음속의 시간

시간이 흐르는 실제 속도와 우리 생각 속의 속도는 서로 다를 수 있어요. 이것은 우리와 우리의 뇌 그리고 시간이 관련되어 있는 수많은 문제 중 하나예요.

형편없는 판단력

인간은 예컨대 몇 초같이 짧은 시간은 잘 판단하지만, 그보다 긴 시간은 그다지 잘 판단하지 못해요. 일정 시간 동안 아무 일도 일어나지 않으면 우리는 그 시간을 더 길다고 생각해요. 즉, 지루할 때는 시간이 질질 끌리는 것처럼 실제보다 더 느리게 간다고 느낀다는 뜻이에요.

그 반대도 마찬가지예요. 재미있는 일이나 경험을 많이 하면 그 시간을 더 짧다고 생각하는 경향이 있어요. 15분 지났다고 생각하는데 실제로는 20분이나 25분이 지났을 수도 있다는 말이에요.

모든 게 과거의 일

우리가 보고 듣고 경험하는 것은 사실상 이미 과거의 일이에요. 이것은 어떤 일이 일어나는 순간부터 그것을 우리 뇌가 인식하기까지 약 0.08초라는 짧막한 시간이 걸리기 때문이에요. 우리의 감각 기관으로부터 우리 뇌까지 신호가 이동하여 그 정보를 분석하는 데 걸리는 시간이에요.

나의 시간 감각은?

다른 사람이나 화면 등 주의를 산만하게 할 만한 것이 없는 곳에 자리 잡고 앉아요. 다른 방에 있는 친구에게 스톱워치로 시간을 재기 시작하도록 부탁해 놓고, 숫자를 세지 않고 그저 짐작으로 5분이 되면 "그만!" 하고 소리치는 거예요.

그리고 서로 역할을 바꿔서 누가 더 5분에 가까운지 보세요.

이번에는 게임이나 만화 등 재미있는 것을 하면서 시간을 보내는 실험을 해 보세요. 두 차례의 실험 결과가 서로 다른가요?

기억은 어떻게

우리에게는 기간에 따라 다르게 작용하는 두 가지 유형의 기억이 있어요.

단기 기억은 15~30초 정도밖에 지속되지 않고, 한번에 4~7가지의 생각이나 경험밖에는 다룰 수 없어요. 어떤 것에 대해 다시 생각하지 않으면 그것은 단기 기억에서 빠져나와 사라질 거예요.

우리 뇌가 단기 기억 속에 있는 어떤 것에 관심을 기울이면 그것은 우리의 장기 기억 속으로 옮겨 가게 되어요. 이것은 뇌 전체에 있는 뇌세포 사이의 연결로 유지돼요.

마음속의 영화

인간의 눈과 뇌는 매초 한정된 이미지밖에는 처리하지 못해요. 하나의 영상은 짧은 시간 동안만 눈 뒤에서 머무르고 (30분의 1초 정도), 그러고 나면 그 다음 영상으로 바뀌어요. 사람들은 이 현상을 이용하는 법을 알아내 최초의 애니메이션과 영화를 만들었어요. 연속되는 사진이나 그림을 하나하나 차례로 충분히 빠르게 보여 주면(초당 적어도 12~15개) 사람의 뇌는 그것들을 하나로 이어지는 움직이는 영상이나 영화로 착각한답니다.

뇌의 편향

우리 뇌는 편향이라는 것 때문에 특정한 것을 더 좋아하거나 더 중요하게 생각해요. '초두 편향'은 우리 뇌는 긴 목록 중 제일 첫 항목을 기억해 낼 가능성이 높다는 사실을 설명하는 용어예요. '최근 편향'은 최근 배웠거나 경험한 것을 선호한다는 뜻이에요.

두 편향은 이따금씩 함께 일어날 수도 있답니다! 그러므로 누가 우리에게 기다란 정보 목록을 제공할 때, 예컨대 메뉴에 적힌 모든 음식이라든가 자세한 지시 사항을 담은 정보를 들려줄 때 우리는 그 목록의 첫 항목과 마지막 몇 항목은 기억하지만 중간에 있는 항목은 기억하지 못할 가능성이 높아요.

시간, 장소

독특한 시계에서부터 묻어 놓은 타임캡슐이나 주중보다 주말이 먼저 오는 나라에 이르기까지, 여기 소개하는 세계 여러 장소는 시간과 특별한 관계를 맺고 있어요.

오슬로, 노르웨이
2014년 이후로 100명의 작가가 1년에 1명씩 미발표 작품 원고를 이 타임캡슐에 기증하기로 했어요. 여기 기증된 작품은 1세기 뒤인 2114년 캡슐이 개봉될 때까지 독자가 없는 상태로 유지된답니다.

메인, 미국
잭 쇼프는 시계를 세계에서 가장 많이 수집한 사람 중 하나예요. 갖가지 크기와 모양의 시계 1,509점을 가지고 있어요.

네브래스카, 미국
세계에서 가장 큰 이 타임캡슐에는 동전과 책을 비롯하여 자동차 등 5,000점의 물품이 들어 있어요. 개봉하는 날은 2025년 7월 4일이에요.

텍사스, 미국
1만 년 동안 시간을 표시하도록 설계된 거대한 기계식 시계가 산 아래에 설치되고 있어요. 이 시계는 1년에 한 번만 움직일 거래요.

네바다, 미국
2011년 버닝 맨 축제 때 둥글게 늘어선 탑에 세 가닥의 레이저를 쏘아 세계에서 가장 큰 시계를 만들었어요. 문자판 지름이 무려 2.8킬로미터! 레이저는 각기 시침, 분침, 초침이 되었고, 길이는 1.6킬로미터였어요.

아마존 우림, 브라질
아몬다와 부족의 언어에는 연, 월, 일에 해당하는 낱말이 없어요. 그래서 이들은 나이를 햇수로 세지 않고, 삶의 여러 단계에 다다를 때마다 자기 이름을 바꿔요.

라파스, 볼리비아
볼리비아 국회의사당 앞면의 거대한 시계는 2014년 이후로 거꾸로 움직였어요. 남반구에서 해시계의 그림자가 시계 반대 방향으로 도는 모양을 본뜬 거예요.

상트페테르부르크, 러시아
피터 칼 파베르제는 1900년 부유층과 왕족을 위해 달걀 모양의 멋진 시계를 제작했는데, 오늘날에는 수십억 원에 거래되어요. 그중 몇 점은 상트페테르부르크에 있는 파베르제 박물관에 전시되어 있어요.

태국
이 나라는 두 가지 달력을 사용해요. 일상생활에서는 그레고리력을 쓰고, '파티틴 찬트라카티'라는 음력은 전통 명절과 출생증명서에 찍어 넣는 용도예요. 이 음력은 543년 더 빨라서, 전 세계가 2024년일 때 태국은 2567년이랍니다.

할버슈타트, 독일
세계에서 가장 긴 음악 작품이 여기서 연주되고 있어요. 존 케이지가 작곡한 〈오르간^2/최대한 느리게〉는 2001년 연주를 시작했는데 2640년이 되어서야 끝날 거랍니다!

소말리아
목요일과 금요일을 주말로 여기는 나라가 몇 군데 있는데 소말리아가 그중 하나예요. 예멘도 예전에는 그랬지만, 2013년 금요일과 토요일을 주말로 여기는 것으로 바뀌었어요.

자이푸르, 인도
'삼라트 얀트라'는 세계에서 가장 큰 돌 해시계로, 높이가 27미터예요. 이 시계의 그림자는 1분에 6센티미터 속도로 움직여요.

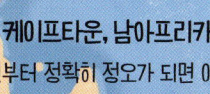

케이프타운, 남아프리카
1806년부터 정확히 정오가 되면 이곳에서 대포를 쏘았어요. 오늘날에는 트위터(X) 계정까지 있어서, 매일 정오가 되면 '붐!'이라는 트윗을 올려요.

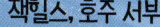

잭힐스, 호주 서부
여기서 발견된 지르콘 결정 입자는 44억 년이나 된 것으로, 지구상에서 가장 오래된 물체로 알려져 있어요!

남극
과학자는 2017년 이곳에서 2,700만 년 된 얼음 층이 들어 있는 얼음 코어를 채취하는 데 성공했어요. 세계에서 가장 오래된 얼음 층이에요.

제4차원

모든 물체와 빈 공간은 가로, 세로, 높이라는 3가지 차원을 지니고 있어요.
과거에 과학자는 시간은 3차원 공간과는 별개로 그 자체로 하나의 차원이라고 생각했어요.
그러나 알베르트 아인슈타인과 그의 옛 스승이 그 관점을 완전히 바꿔 놓았어요.

시공간에 어서 오세요

헤르만 민코프스키는 독일의 수학 교수로, 1890년대에 아인슈타인을 가르친 스승 중 한 명이었어요. 1900년대에 그는 옛 제자로부터 영감을 받아, 시간과 공간은 '시공연속체'라는 동일한 것의 일부분임을 보여 주었어요. 민코프스키는 시간 속의 움직임을 생각하지 않으면서 공간 속의 움직임을 생각할 수는 없다고 믿었어요.

따지고 보면 한 나라를 가로지르는 자동차 여행은 출발점에서 도착점까지 나아가는 공간 속의 이동인 것만은 아니에요. 몇 시간 몇 분이라는 시간이 걸리는 만큼 시간 속의 이동이기도 하다는 말이에요.

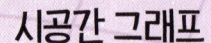

시공간 그래프

민코프스키는 시공간을 보여 주기 위해 그래프와 도표를 개발했어요. 간단하기 그지없는 이 2차원 그래프에서 한쪽 축은 공간의 3가지 차원 모두를, 다른 축은 시간을 나타냈어요. 예컨대 부엌의 냉장고 같이 가만히 서 있는 것조차 시간 속으로 움직이고, 그래서 과학자는 이것을 그래프의 시간축을 따라 나타낼 수 있어요.

냉장고는 가만히 있지만 시간은 움직여요.

시간이 움직이는 동안 개가 움직이며 공간 속에서 위치를 바꿔요.

자동차는 같은 시간에 개보다 빨리 움직이면서 더 많은 공간을 움직여요.

항성과 은하를 관찰하는 것은 시간을 거슬러 올라가는 여행이에요. 오늘 안드로메다 은하를 찍은 사진은 사실 250만 년 전 안드로메다 은하의 모습을 보여 주고 있어요.

상대성으로 말하자면

1905년 아인슈타인은 상대성에 관한 자신의 이론 중 첫 번째를 공개했고, 두 번째 이론은 1916년에 내놓았어요. 이 두 이론은 시간과 공간이 서로 연결되어 있고 가변적이라는 것을 보여 주었어요.

아인슈타인은 빛은 초당 299,792,458미터라는 어마어마한 속도로 언제나 일정하게 움직인다는 것을 보여 주었어요. 그렇지만 시간과 공간은 모두 상대적인데, 이것은 경우에 따라 늘리거나 줄일 수 있다는 뜻이었어요. 아인슈타인에 따르면 시간은 물체가 얼마나 빠르게 움직이는가에 따라 속도가 달라졌어요. 빛의 속도에 가까워지면 시간은 늘어나 더 느리게 움직이게 돼요.

빛이 속도에 가까워지면 공간은 압축되어요.

찌그러진 우주

아인슈타인은 시공간은 육중한 물체(항성처럼 막대한 양의 물질이 들어 있는 물체)에 의해 구부러지거나 찌그러질 수 있다고 믿었어요. 이것을 쉽게 이해할 수 있는 한 가지 방법은 시공간은 커다란 고무 판으로, 태양이나 육중한 항성 같은 물체는 무거운 볼링공으로 생각하는 거예요.

고무 판이 볼링공에 눌리듯 시공간은 질량이 큰 물체에 눌려 우그러지고 찌그러져요. 볼링공 가까이로 구슬을 굴리면 고무 판의 찌그러진 안쪽으로 끌려 들어가요. 아인슈타인은 이 찌그러짐 때문에 중력이 발생하여 행성이 항성 주위 궤도를 돈다고 주장했어요.

아인슈타인의 발상은 사람들이 시간과 우주가 작동하는 방식을 바라보는 시각을 바꿔 놓았어요. 이것이 계기가 되어 시간 단축이라든가 시간 여행(다음 쪽 참조)의 가능성에 대한 몇 가지 흥미로운 발상이 생겨났답니다. 수영을 배운 적이 없고 양말 신는 것을 싫어한 사람치고 제법 대단하죠!

시간 여행

우리는 이미 일종의 시간 여행자예요. 항상 시간 속에서 이동하고 있고, 매 순간 미래가 점점 더 현재로 다가오고 있기 때문이에요. 진정한 시간 여행은 현재 시간이 흐르는 속도보다 빠르게 여행하여 먼 미래의 어느 지점으로 갈 수 있는 능력이에요.

속도를 높이면

국제 우주 정거장은 시속 27,600킬로미터 속도로 날고 있어요. 이에 비해 빛은 시속 10억 7,000만 킬로미터 속도로 이동해요. 만일 빛에 매우 가까운 속도로 여행할 수 있다면 시간 팽창은 큰 영향을 미칠 거예요. 우리가 빛의 99.9% 속도로 여행할 수 있는 우주선을 타고 2년 동안 임무를 수행하는 10살짜리 우주 비행사라고 상상해 보아요. 지구로 돌아오면 우리는 2살 더 먹었겠지만, 지구에서는 시간이 40년 이상 흘렀을 거예요. 미래로 여행을 온 거예요! 대단하죠. 10살이던 친구들도 지금 모두 50대가 되었을 거예요.

시간 팽창

아인슈타인이 내놓은 시공간과 상대성 연구 때문에 생겨난 흥미로운 결과 중 하나는 우리가 빠르게 움직일수록 시간은 느리게 흐른다는 것이었어요. 빛의 속도에 가깝게 움직일 때 특히 더 그래요. 막대한 크기의 중력이 당길 때에도 시간이 느려질 수 있어요. 이것은 시간 팽창이라 불리는 매우 복잡한 물리학 영역이에요.

아직까지 우리는 작디작은 양의 시간 팽창밖에 이루지 못했어요. 2015~2016년에 미국 항공우주국 소속 우주 비행사 스콧 켈리는 국제 우주 정거장에서 11개월을 지냈는데, 그동안 그의 쌍둥이 마크는 지구에 있었어요. 우주 정거장은 지구를 빠른 속도로 돌고 있기 때문에 스콧은 쌍둥이 마크보다 0.013초 어린 상태가 되어 돌아왔어요.

느릿느릿 우주선

빛에 가까운 속도로 여행할 수 있는 타임머신을 만드는 일은 지금으로서는 거의 불가능해요. 인간이 만든 가장 빠른 기계인 파커 태양 탐사선은 빠르지만 빛의 0.05% 속도밖에 내지 못해요. 시간을 여행하는 다른 방법이 있을까요? 일부 과학자는 있다고 생각해요. 특히 시공간이 구부러져 있다면요.

웜홀

웜홀은 시공간 속 두 장소 사이의 지름길 역할을 하는 터널이에요. 웜홀에는 입구와 출구가 있고, 그 사이에 병목처럼 좁은 통로가 있어요. 만일 시공간 곳곳이 구부러져 접혀 있다면 웜홀이 있어서 빠르게 시간을 여행할 수 있을지도 몰라요. 멀리 떨어져 있는 우주 속 두 장소 사이를 웜홀을 타고 순간적으로 이동할 수 있을지도 몰라요. 원래는 수백만 년이 걸리는 여행길이겠지만요.

알베르트 아인슈타인과 네이선 로젠은 1935년 웜홀이라는 발상을 떠올렸어요 (웜홀은 '아인슈타인-로젠 다리'라고도 불려요). 과학자는 웜홀이 이론적으로는 존재할 수 있다고 믿지만 아직 하나도 발견되지 않았어요. 존재한다고 해도 웜홀을 무사히 통과하지 못할 수도 있어요. 그렇기는 해도 어마어마하게 흥미로운 생각이에요. 여러분은 웜홀을 타고 시간과 공간 속 어디를 가고 싶나요?

수수께끼와 역설

너무 서두르지는 마세요! 아직은 시간 여행을 계획할 때가 아니니까요. 아직 넘어야 할 장벽이 많이 있답니다. 그중 어떤 것은 역설이라 불리는 문제들과 관계가 있어요. 쉽게 답을 내지 못하는 문제예요.

> 자, 내년 시험 문제 답이야. 아, 그리고 6달 뒤 휴일에 저 참나무에 올라갈 생각은 하지 마.

(2025년 2월 8일)

원인과 결과

과거로 돌아가는 여행은 과연 가능할까요? 어렸을 때의 자신을 만날 수 있을까요? 있다면 어떤 결과를 가져올까요? 어떤 사람은 과거로 돌아가는 게 가능하다면 예컨대 사물이 동시에 두 곳에 존재하는 문제 등 너무나 많은 문제가 생겨날 거라고 생각해요.

또 어떤 이론가는 인과 관계가 작동할 수 있도록 시간이 언제나 앞으로만 나아갈 때만 우주가 작동한다고 주장해요. 과학자는 사물에는 원인이 있고, 거기서 결과가 나온다고 생각해요. 그렇게 순서가 정해져 있다는 거예요. 그래서 공이 움직이면(결과) 그 전에 그 원인(공을 차는 것)이 있었을 수밖에 없는 거예요. 그렇지만 시간 여행 때문에 미래의 원인이 과거의 결과에 영향을 줄 가능성이 생겨나요. 어떤 사람은 이게 말도 안 되는 일이며 따라서 가능하지 않다고 믿어요.

> 안녕, 미래의 나!

> 안녕, 과거의 나!

(2015년 8월 8일 / 2025년 8월 8일)

페르미 역설

이 역설은 다음과 같아요. '생명체가 있을 수 있는 행성이 우주에 수십억 개나 있다면 왜 우리는 아직 외계인을 만나지 못했을까?' 그렇지만 이것은 시간 여행에도 해당되는 말이에요. 과거로 돌아가는 여행이 가능하다면, 시간 여행자는 왜 아득한 미래에서 우리를 찾아오지 않았을까요?

조부모 역설

이 문제는 우리 조부모님이 살아 계시지만 우리 어머니나 아버지를 아직 낳으시기 전의 과거로 여행하는 것에서 출발해요. 만일 그때 우리가 사고를 내서 할머니가 돌아가신다면 어떻게 될까요? 그러면 당연히 우리 가계는 사라질 것이고, 우리는 태어나지 못하고 종말을 맞이하게 되지 않을까요? 머리가 빙글빙글 도는 역설은 이것이에요. 만일 그 결과 우리가 미래에 태어나지 않는다면 우리는 어떻게 과거로 돌아가 사고를 내서 할머니가 돌아가시게 할 수 있을까요?

1. 타임머신을 만든다.

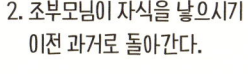
2. 조부모님이 자식을 낳으시기 이전 과거로 돌아간다.

3. 사고로 할머니께서 돌아가신다.
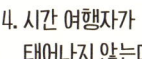
5. 타임머신이 만들어지지 않는다.

4. 시간 여행자가 태어나지 않는다.

안 돼, 얘는 마지막 남은 도도새야!

문제를 없애면

또 한 가지 역설은 시간 여행자가 과거로 돌아가, 어떤 끔찍한 사람이 일으키는 사건 같은 나쁜 일이 일어나지 않게 막는 거예요. 그렇지만 문제를 그렇게 없애면 문제가 생겨나요. 다시 현재 세계로 돌아와서, 시간 여행자는 그 끔찍한 사건이 일어나지 않았을 것이기 때문에 그 사건에 대해 알지 못할 거예요. 그러면 애초에 과거로 여행할 이유가 없는 거예요.

구두끈 역설

젊은 윌리엄 셰익스피어에게 작품을 쓰는 수고를 덜기 위해 우리가 과거로 돌아가 희곡 《맥베스》를 건네준다고 생각해 보아요. 셰익스피어는 우리가 준 《맥베스》를 자신의 작품으로 출판해요. 자, 그러면 이 희곡의 진정한 원작자는 누구일까요? 이 희곡은 이제 작가가 없는 거예요! 실제로 작품을 쓰는 과정 없이 끝도 시작도 없는 상황 안에서 맴도는 거죠. 정말 정신이 멍해지지 않나요?

미래

미래가 어떨지 아무도 확실히 알지 못하지만, 그렇다 해도 추측까지 하지 못하는 건 아니죠!

미래 예측

미래에 무슨 일이 벌어질지 예측하기 위해 사람들은 과거의 데이터를 이용하여 상황이 어떤 식으로 돌아가는지를 알아내기 위한 모델을 만들었어요. 세계에서 가장 강력한 컴퓨터를 슈퍼컴퓨터라 부르는데, 이런 컴퓨터는 대부분 날씨, 태풍, 지진, 질병 등 미래의 위협을 예측하거나 지식에 바탕을 둔 추측에 이용되고 있어요.

상황은 이따금 우리로서는 내다볼 수 없는 방식으로 바뀌기 때문에 이런 모델이 언제나 정확하지는 않아요. 예를 들면 미국의 기상 예보는 최대 80%까지 정확해요.

틀린 예측

기업이나 투자자는 미래를 예측하고자 해요. 일부는 제대로 맞혀 수십억을 벌지만, 매우 영리한 사람들이라도 그렇지 못한 예측을 내놓아 매우 어리석어 보일 때가 있답니다!

"말은 없어지지 않지만 자동차는 그저 신기한 물건일 뿐이다."
— 1903년 어느 미국 은행장이 포드 자동차 회사에게

지금은 10억 대가 넘는 자동차가 전 세계 도로 위를 달리고 있어요.

"개인이 자기 집에 컴퓨터를 들여놓고 싶어 할 이유가 없다."
— 1977년 디이시(DEC)라는 컴퓨터 회사 창업자 켄 올슨

개인용 컴퓨터와 노트북, 태블릿이 발명되면서 켄의 예측은 틀렸음이 입증되었어요.

"인간이 달에 다다르기 전에 여러분의 우편물이 뉴욕에서 오스트레일리아까지 유도 미사일을 타고 몇 시간 만에 배달될 것이다."
— 1959년 미국 체신국장 아서 서머필드

그로부터 겨우 10년 뒤에 인간은 달을 밟았지만, 우리 우편물은 여전히 도보나 자동차로 배달되어요.

"로큰롤? 6월이면 사라지고 없을 것."
— 1955년 연예 잡지 《버라이어티》

그건 로큰롤의 시작일 뿐이었어요!

이제 그만! 땡!

시간에는 끝이 있을까요? 아무도 몰라요. 태양이 죽기 시작하여 거대한 크기로 부풀어 올라 지구를 삼키면 지구의 시간은 끝날 거예요. 그렇지만 천문학자는 이것이 적어도 50억 년 뒤의 일이라고 예측해요. 그러니 긴장을 푸세요. 그리고 지구가 끝난다고 해서 시간이 끝나지는 않아요. 다른 행성이나 항성이 사라진 오래 뒤에도 시간은 언제나 존재해 왔어요. 시간이 끝나려면 우주가 더 이상 존재하지 않아야 할 것이고, 어느 누구도 그런 일이 곧 일어날 것이라고 예측하지 않아요.

미래학

일부 작가는 놀라울 정도로 성공적인 예측을 내놓았지만, 영국의 허버트 조지 웰스보다 더 성공한 작가는 드물어요. 1890년대와 1900년대에 글을 쓴 그는 탱크, 레이저, 인간의 달 착륙, 이메일, 핵무기 등을 예측했어요. 대단하죠! 오늘날 전문 미래학자는 대중화될 새로운 발명과 발전, 동향을 연구하고 그것이 사람들의 삶을 어떻게 바꿔 놓을지를 예측하려고 노력해요.

그중 2050년 무렵에 대한 예측 몇 가지를 소개하자면

육지의 땅을 낭비하지 않도록 바다에 떠 있게 만든 창고와 공장.

곤충을 건강한 단백질 공급원의 하나로 포함하는 식단 변화.

자동 주행 차량의 대중화.

인공지능 의무실. 인간 의사를 만날 필요가 없어요.

우리 건강을 확인하고 명령에 따라 색상을 바꿀 수 있는 스마트 의복.

미래는 어떤 모습일거라 생각하나요? 사람들은 어떻게 살까요? 새로운 음식이 나올까요? 사람들은 호버보드를 타고 공중을 떠 다닐까요? 친구들과 함께 여러분이 생각하는 예측을 적어 보아요.

시간의 연표

시간은 수천 년 동안 연구와 조작의 대상이 되었고, 수많은 발명품을 낳는 영감의 원천 역할을 했어요. 시간의 역사에서 가장 중요한 순간 몇 군데를 한 번 더 되돌아보기로 해요.

137억 7,000만 년 전
우주가 시작해요. '빅뱅'이라 불리는 이론에 따르면 우주는 믿을 수 없을 정도로 뜨거운 하나의 점에서 팽창했고 지금도 팽창하고 있어요.

45억 4,000만 년 전
우리 행성인 지구가 형성되기 시작해요.

기원전 3200년
아일랜드의 석기 시대 농사꾼들이 뉴그레인지 유적을 건설해요. 동지 때 태양 빛이 통로 안을 비추도록 방향을 잡았어요.

기원전 2100년
바빌로니아의 달력은 1년이 354일이며 12개월로 나뉘었어요. 또 7일을 1주일로 삼기 시작했어요. 같은 시대의 고대 이집트인은 10일을 1주일로 삼았어요.

기원전 3100년
메소포타미아(오늘날의 이라크)에서 수메르인이 달의 주기를 바탕으로 최초의 체계적인 달력 중 하나를 발명해요.

기원전 1500년
알려진 가장 오래된 해시계가 고대 이집트에서 사용되었어요. 부챗살처럼 늘어서 있는 선 중 한 곳에 그림자가 떨어지면 그 선이 그때의 시간이었어요.

기원전 400년
고대 그리스와 바빌로니아에서 커다란 통에서 흘러나오는 물을 이용하여 시간을 재는 물시계를 사용했어요.

1582년
교황 그레고리우스 13세가 모든 사람은 율리우스력이 아니라 그레고리력을 써야 한다는 칙령을 발표해요.

1656년
크리스티안 하위헌스가 최초의 실용적인 진자시계를 발명해요.

1519년
페르디난드 마젤란이 최초로 성공한 세계 일주 항해에 나서요. 그가 지휘한 선단에 소속된 5척의 배는 항해 동안 시간을 재기 위해 각기 18개의 모래시계를 싣고 있었어요.

1505년
독일의 자물쇠 제작자 피터 헨라인이 목에 걸거나 옷에 부착하는 식으로 휴대할 수 있는 작은 시계를 만들어요. 회중시계의 시조인 셈이죠.

1386년
지금도 작동하는 기계식 시계 중 세계에서 가장 오래된 것을 언급한 최초 기록이에요. 지금도 영국 솔즈베리 대성당에서 움직이고 있어요.

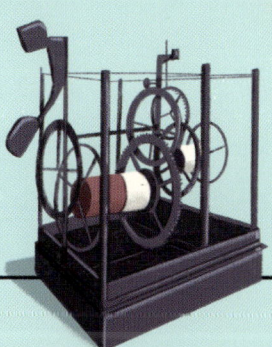

1482-1499년
레오나르도 다 빈치가 《회화론》을 써요. 글에서 그는 나무는 해마다 나이테를 만들고, 나이테의 두께는 나무가 자라는 조건에 따라 달라진다고 썼어요.

1027년
페르시아의 의사 겸 철학자 이븐 시나가 《치유의 서》를 지어요. 이 책에서 그는 오래된 암석층 위에 새로운 암석층이 켜켜이 쌓이는 방식을 설명하는데, 이것이 지질 시대의 기초예요.

기원후 725년
일행이라는 불교 승려가 24시간마다 완전히 한 바퀴를 도는 커다란 바퀴가 달린 물시계를 발명해요. 청동과 철로 만든 장치로 매시간 종을 울리고 15분마다 북을 울려요.

기원전 45년
고대 로마에서 1년이 365일인 새로운 율리우스력이 도입되어 유럽 전역으로 퍼졌어요.

기원후 400년
에티오피아 사람들이 지금도 일부에서 사용되는 달력을 개발했어요. 1년이 13개월이고, 현재 전 세계 대부분에서 사용되는 그레고리력보다 7년 늦어요.

기원후 520년
양초시계가 언급된 최초 사례는 유건곡이라는 중국 작가가 쓴 시예요. 시에서 다 타는 데 4시간이 걸리는 30센티미터 길이의 양초를 설명해요.

89

1712년
달력에서 일어난 약간의 사고로 스웨덴이 같은 해에 윤일을 2일 추가해야 했어요. 그래서 스웨덴의 달력에서 딱 한 해만 2월 30일이라는 날짜가 실제로 등장해요.

1740년대
최초의 뻐꾸기시계가 독일 슈바르츠발트에서 만들어져요. 매시 정각이 되면 시계에서 나무로 만든 뻐꾸기가 튀어나와요.

1761년
존 해리슨의 H4 해상 시계가 바다에서 검증을 거쳐요. 이 시계는 정확하다는 것이 입증되었고, 바다에서 경도를 알아냄으로써 항해에 도움을 주어요.

1832년
세이셸 코끼리거북인 조너선이 태어났다고 추측되는 해예요. 조너선은 2022년에 190번째 생일을 맞이했어요.

1814년
런던에서 시계 제작자 컬렉션이 설립되어요. 이것은 세계에서 가장 오래된 시계 컬렉션으로, 1,250점이 넘는 시계를 소장하고 있어요.

1847년
프랑스의 앙투안 레디에가 조정 가능한 알람 시계를 최초로 발명하고 특허를 내요.

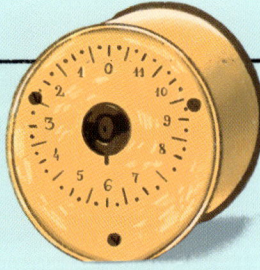

1878년
캐나다 공학자 샌포드 플레밍이 모든 사람이 하루를 24시간으로 하는 시간제와 전 세계를 시간대로 구분하는 체제를 사용하자고 제안해요.

1916년
알베르트 아인슈타인이 운동과 중력이 시간을 왜곡할 수 있다는 내용의 상대성 이론을 완성해요. 수많은 사람이 이에 충격을 받았고 많은 연구와 생각이 촉발되었어요.

1895년
허버트 조지 웰스가 쓴 《타임머신》이 출간되어요. 이 과학 소설은 시간 여행이라는 발상을 대중화해요.

1927년
미국 벨 연구소의 연구원 두 사람이 진동하는 수정 조각을 이용하여 시간을 재는 시계를 만들어요.

1929년
소비에트 연방 지도자 이오시프 스탈린이 공장 생산성을 높이기 위해 주말을 폐지해요. 인기 있는 정책은 아니었죠!

2019년
세계에서 가장 정확한 원자시계가 미국 콜로라도에서 작동을 시작해요. 너무나 정확한 나머지 150억 년에 1초밖에 느려지지 않아요. 우리가 생각하는 우주의 나이보다 더 긴 시간이에요.

2021년
패럴림픽 선수 무함마드 지야드 졸케플리가 2021년 도쿄 패럴림픽에서 포환던지기로 금메달을 따는 것 같았지만, 경기장에 3분 늦게 도착했다는 이유로 실격을 당해요.

2061년
핼리 혜성이 돌아와 지구 가까이를 날아 지나갈 것으로 예상되어요.

2011년
사모아가 오스트레일리아와의 무역을 더 쉽게 하기 위해 시간대를 바꾸기로 하면서 이 해 12월 30일이 없어져요. 시간대를 바꾸면서 하루가 통째로 없어졌거든요!

2000년
1980년대 이후 주로 군사용으로만 사용되던 위치 정보 시스템인 지피에스를 민간에서 자유로이 쓸 수 있게 되어요.

1972년
해밀턴이 만든 펄사가 세계 최초의 디지털 시계로 판매되어요. 값은 2,100달러였는데, 당시 소형 자동차와 비슷한 가격이었어요!

1975년
세계에서 가장 큰 타임캡슐이 미국 네브래스카에서 봉인되었어요. 개봉은 2025년이에요.

1967년
파리에서 열린 어느 협의회에서 시간이 원자화해요. 1초는 이제 세슘 원자의 진동수로 정의되어요. 9,192,631,770번이라는 어마어마한 숫자로요.

1955년
최초의 실용적 원자시계가 발표되어요. 1일 오차는 1백만분의 1초인데, 300년에 1초 정도에 해당해요. 당시로서는 커다란 발전이었어요.

1946년
미국의 화학 교수 윌러드 리비가 생명체의 유해를 가지고 연대를 측정하는 방법의 하나로 방사성 탄소 연대 측정법을 제안해요.

1949년
미국 국립 표준 기술 연구소가 최초의 원자시계를 만들어요. 과학용 수정 시계보다 덜 정확하지만, 원자시계가 가능하다는 것이 입증되었어요.

용어 설명

고대 이집트 약 5,000년 전 아프리카 북동부 나일 강 유역에서 시작되어 3,000년 이상 지속된 문명.

국제 우주 정거장(ISS) 지구 궤도를 도는 우주 정거장. 1998년에 발사되었으며, 여러 나라가 참여하여 여러 단계에 걸쳐 건설되었다. 우주 비행사가 그곳에서 실험 등의 임무를 수행한다.

궤도 우주에 있는 한 천체가 다른 천체 주위를 도는 일정한 길. 예컨대 지구 주위를 도는 달의 궤도, 태양 주위를 도는 지구의 궤도 등이 있다.

그레고리력 오늘날 세계 대부분의 지역에서 사용하는 달력. 16세기에 유럽에 도입되었다.

그리니치 천문대 항성, 항법 및 시간 측정을 연구하기 위해 1675년 영국 런던 그리니치에 설립된 영국 왕립 천문대.

그리니치 표준시(GMT) 영국 런던 왕립 그리니치 천문대의 시간. 그리니치를 지나 북극에서 남극까지 이어지는 가상의 선을 본초 자오선이라 부른다.

극지방 지구의 북극과 남극을 중심으로 한 주변 지역.

기계식 기계 장치로 작동하는 것.

남극 지축 남쪽 끝에 있는 지구의 최남단 지점. 남극은 남극 대륙에 있다.

디지털 시계 문자판과 시침, 분침이 아니라 숫자로 시간을 표시하는 시계(예: '2:28' 또는 '17:32').

마야 기원전 1000년 무렵부터 기원후 1600년 사이에 메소아메리카(현재의 멕시코와 중앙아메리카)에서 번성한 문명.

마이크로 칩 전자 회로로 이루어진 매우 작은 장치. 컴퓨터, 스마트폰, 가전제품 등 전자 장비를 구동한다.

만년빙 북극과 남극처럼 넓은 지역을 덮고 있는 두꺼운 눈과 얼음 층.

모래시계 서로 연결된 유리 칸 2개로 이루어진 시계. 위쪽 유리 칸에 채워진 모래가 아래쪽 유리 칸으로 다 흘러 내려가는 데에는 일정한 시간이 걸린다는 점을 이용하여 시간을 잰다.

문명 특정 생활 방식을 공유하는 대규모의 인구 집단.

물시계 한 그릇에서 다른 그릇으로 흐르는 물의 흐름을 이용하여 시간을 측정하는 도구.

바빌로니아 기원전 1800년 무렵 남부 메소포타미아(현재의 이라크)에서 나타난 제국.

반구 ☞ 적도.

방사성 일부 원자 유형이 가지는 속성으로, 시간이 지남에 따라 작은 입자와 에너지를 방사선 형태로 방출하면서 변화('붕괴')한다.

북극 지축 북쪽 끝에 있는 지구의 최북단 지점. 북극은 북극해에 있다.

분자 2개 이상의 원자가 서로 결합된 것. 예를 들어 수소 분자는 2개의 수소 원자가 결합하여 만들어진다.

비잔틴 제국 서기 476년 로마 제국이 동서로 갈라졌을 때 동부 지역이 비잔틴 제국이 되었다. 동로마 제국이라고도 불리며, 1453년까지 지속되었다.

생체 시계 시간을 추적하고 졸음이나 배고픔 같이 저절로 일어나는 행동을 조절하는 우리 몸속 체계.

선사 시대 인간이 글을 쓸 수 있기 전 시대. 따라서 글로 된 기록이 남아 있지 않다.

세포 모든 생명체를 구성하는 작은 구조물. 박테리아 등 일부 생명체는 세포 하나만으로 이루어지는 반면, 인간 등과 같은 생명체는 세포 수조 개로 이루어진다.

수메르 메소포타미아(현재의 이라크)에서 번성한 최초의 고대 문명 중 하나. 6,000년 전쯤 시작되어 2,000년 이상 지속되었다.

시간대 지구상에서 같은 표준시를 사용하는 지역. 세계의 모든 시간대는 그리니치 표준시를 기준으로 측정된다.

심리학자 인간의 마음을 연구하는 과학자.

아스테카 15세기와 16세기에 오늘날의 멕시코 중부 지역에서 커다란 제국을 다스린 문명.

우주 생물, 행성, 항성, 빛, 시간 등 존재하는 모든 것.

우주 탐사선 우주를 탐사하고 과학 정보를 수집하기 위해 보내는 우주선. 대개 무인 우주선이다.

원자 우주의 모든 물질을 구성하는 기본 구성 요소. 우리를 포함한 모든 것은 원자로 이루어져 있다.

원자시계 원자의 자연 진동을 사용하여 시간을 측정하는 매우 정확한 시계.

위성 우주에서 더 큰 천체를 공전하는 작은 천체.

지구 주위 궤도로 발사된 인공위성은 항법이나 통신을 비롯하여 다양한 목적에 이용된다.

율리우스력 기원전 45년 율리우스 카이사르가 도입한 달력. 365일을 12개월로 나누었다. 서양 대부분에서 사용하다가 그레고리력으로 바뀌었다.

이주 먹이를 찾거나 번식을 위해 동물이 무리 지어 계절에 따라 한 장소에서 다른 장소로 이동하는 것.

적도 지구 둘레를 따라 북극과 남극의 중간을 이은 가상의 선. 지구는 이 선을 중심으로 북반구와 남반구로 나뉜다.

제1차 세계대전 1914년부터 1918년까지 유럽, 미국, 러시아, 일본 등 전 세계 여러 나라 사이에서 벌어진 전쟁.

제2차 세계대전 1939년부터 1945년까지 추축국(독일, 이탈리아, 일본)과 연합국(영국, 미국, 소련, 프랑스) 사이에 벌어진 전쟁. 그 밖에도 전 세계의 수많은 국가가 참여했다.

지축 북극에서 남극까지 지구의 중심을 지나는 가상의 직선. 지구는 지축을 중심으로 회전하며 24시간마다 한 바퀴씩 돈다.

지피에스(GPS) 물체가 지구상에 있는 위치를 판정하는 데 도움이 되는 31개의 위성으로 구성된 네트워크.

진자 고정된 한 지점에 철사나 끈으로 매달려 있는 추.

천문학자 항성, 행성, 은하, 혜성을 비롯한 우주를 연구하는 과학자.

철학자 지식이나 종교, 옳고 그름 등 인간 생활에 관한 기본 사상을 연구하는 사람.

춘추분 1년에 2번(3월과 9월) 북반구와 남반구 모두에서 낮과 밤의 길이가 거의 같은 때.

타임캡슐 현재의 물건과 기록을 담아 봉인하거나 묻어 두었다가 미래 어느 시점에 열도록 해 둔 용기.

해시계 태양이 만드는 그림자를 이용하여 시간을 알려 주는 기구. 태양이 하늘을 가로질러 움직임에 따라 바늘의 그림자가 움직이고, 이 그림자가 시간이 표시된 문자판에서 가리키는 곳이 현재 시간이다.

찾아보기

ㄱ
건축의 시대별 변화 56~57
경도 38~39
경도 문제 38~39
경선 ☞ 자오선
계절 14~15
공룡 11, 16, 50~51
공장 8, 31, 36, 68, 90
구두끈 역설 85
국제 날짜 변경선 43
국제 우주 정거장(ISS) 18, 82
그레고리력 25, 89
그리니치 천문대 42, 46
그리니치 표준시 18, 42~43
그리스, 고대 23, 28, 56, 57, 88
금성 위의 시간 18
금성의 태양 통과 75
기(지질 시대) 51
기가 년 11
기계식 시계 23, 30, 35, 36, 37, 39, 78, 89
기대 수명 55
기록, 최고
    가장 긴 우주 임무 73
    가장 긴 음악 작품 79
    가장 긴 테니스 경기 72
    가장 긴/짧은 국왕 재위 기간 67
    가장 나이가 많은 생물체 55
    가장 빠른 기계 83
    가장 빠른 루빅스 큐브 맞추기 66
    가장 빠른 에베레스트산 등정 72
    가장 빨리 나오는 식사 67
    가장 오래 끈 체스 대국 72
    가장 오래된 시계 컬렉션 90
    가장 오래된 얼음 코어 79
    가장 오래 작동 중인 기계식 시계 89
    가장 짧은 유도 경기 67
    가장 짧은 희곡 73
    가장 큰 시계 34, 35, 78
    남아 있는 가장 오래된 영화 73
    지구에서 가장 오래된 물질 79
기상꾼 36
기억 77

ㄴ
나노초 13
나바호족(디네족) 28
나이테 52, 89
누대(지질 시대) 51
뉴그레인지 고분 20, 88
뉴턴, 아이작(Isaac Newton) 29, 39

ㄷ
달(달력) 24~25, 47, 59, 74, 88
달력 14, 24~25, 79, 88, 89, 90
대(지질 시대) 51
대륙 이동 48
동물 54~55, 62~63, 73, 74, 90
디네족(나바호족) 28
디지털 손목시계 91
디지털 시계 35, 91

ㄹ
로마, 고대 25, 56, 57, 89

ㅁ
마야, 고대 24, 28
마이크로초 12
매미 62
메카의 시계탑 35
멜라토닌 60~61
모래시계 22, 38, 89
목성 위의 시간 19
물시계 23, 35, 88, 89
미래 28~29, 69, 82~87
미래학 86~87
미루는 습성 70~71
밀리초 12, 17

ㅂ
바빌로니아 23, 26, 88
방사성 탄소 연대 측정 51, 53, 91
불교(티베트) 28
불운한 날 26
비잔틴 달력 24
빅뱅 10, 88
빅 벤 34
빛의 속도 13, 81~83
뻐꾸기시계 34, 90

ㅅ
상대성 81, 82, 90
새해 25, 26, 46
생일 26, 55, 90
생체 시계 31, 60~61, 62
생초, 중국 26~27
서머 타임 44~45
세(지질 시대) 51
손목시계 47, 91
수메르, 고대 22, 88
수명 54~55
수성 위의 시간 18
수송 65, 68~69, 72, 73

수정 시계 33, 90, 91
스톤헨지 21
스포츠 8, 12, 67, 72, 91
시간 미엄수 64~65
시간 엄수 64~65
시간 여행 82~85, 90
시간 인식 76~77
시간 절약을 위한 장치 68~69
시간 팽창 82
시간대 42~43, 61, 90, 91
시간에 관한 철학 28~29
시간의 신 26
시계
  가장 큰 시계 34, 35, 78
  기계식 시계 23, 30, 35, 36, 37, 39, 78, 89
  디지털 시계 35, 91
  물시계 23, 35, 88, 89
  뻐꾸기시계 34, 90
  수정 시계 33, 90, 91
  시계 조정 17, 44~45
  시계 컬렉션 78, 90
  알람 시계 36~37, 90
  양초시계 22, 89
  용수철로 움직이는 시계 30
  우주 속의 시계 18
  원자시계 13, 33, 40, 91
  유명한 시계 34~35
  진자시계 32, 34, 38, 89
  초기 시계 22~23, 30~31
  파베르제 시계 79
  해상 시계 38~39
  향 시계 23
  회중시계 30, 33, 35, 39, 46, 89, 90

시계 제작자 36, 39, 46, 89
시계탑 34, 35
시공간 80~83
시차증 61
식물 11, 54, 55, 75
십진법 시간 47

ㅇ
아몬다와족 78
아스테카(아스텍) 25
아이마라족 29
아인슈타인, 알베르트(Albert Einstein) 80~83, 90
알람 시계 36~37, 90
애니메이션 77
양초시계 22, 89
얼음 코어 53, 79
열차 시간표 42
영화 73, 77
왕립 천문대(그리니치) 42, 46
용수철로 움직이는 시계 30
우주 10~11, 18~19, 72, 73, 75, 80~81
우주 비행사 18, 72, 73, 82
우주 시간 10~11
우주의 역사 10~11
원자시계 13, 33, 40, 91
웜홀 83
위도 38~39
위성 항법 시스템 40~41
유명한 시계 34~35
윤년 14
윤초 17
율리우스력 25, 89
이보족 24

이븐 시나(Ibn Sīnā) 28, 89
이집트, 고대 11, 22, 24, 49, 88
인구의 시대별 변화 49
인도, 고대 23
인체 58~61, 73
인터넷 시간 47
일광 절약 시간 44~45
일터의 시간 8, 31, 36, 47, 64, 68, 90

ㅈ
자오선 39, 42~43
젭토초 13
조부모 역설 85
중국 22, 23, 25, 26, 40, 43, 65, 66, 89
중국 생초 26~27
지구
  계절 15
  지구년 14~15
  지구에서 시간의 끝 87
  지구의 시간별 변화 48~49
  지구의 형성 11
  지구일 16~17
  지질 시대 50~51, 89
지질 시대 50~51, 89
지피에스(GPS) 13, 33, 40~41, 91
진자시계 32, 34, 38, 89

ㅊ
창키요 21
천문대 42, 46
천문학자 80, 87
천왕성 위의 시간 19
추측 항법 38
춘추분 20~21, 74

ㅋ
컴퓨터 9, 13, 69, 86
크로노미터 ☞ 해상 시계

ㅌ
타임캡슐 78, 91
탐험 38~39, 89
태양계 11, 18~19

ㅍ
파베르제 시계 79
패션의 시대별 변화 56~57
페르미 역설 84
펨토초 13
프랑스 혁명시 47
피코초 13

ㅎ
하위헌스, 크리스티안(Christian Huygens) 32, 39 89
하지와 동지 20~21, 88
항법 38~39, 90
해리슨, 존(John Harrison) 39, 90
해상 시계 39, 90
해시계 22, 78, 79, 88
해왕성 위의 시간 19
핼리 혜성 75, 91
행성 위의 시간 18~19
향 시계 23
호피족 28
화석 50~51
화성 위의 시간 19
회중시계 30, 33, 35, 39, 46, 89, 90
힌두교 26